DEUTSCHE DEMOKRATISCHE REPUBLIK
DEUTSCHE AKADEMIE
DER LANDWIRTSCHAFTSWISSENSCHAFTEN ZU BERLIN

ZEITSCHRIFT FÜR LANDESKULTUR

AKADEMIE-VERLAG · BERLIN

BAND 9 · 1968 · HEFT 3

Z. Landeskultur · Bd. 9 · 1968 · H. 3 · S. 185—236 · Berlin

Die Zeitschrift für Landeskultur erscheint in Heften mit einem Umfang von je 5 Druckbogen (80 Seiten). Die innerhalb eines Jahres herausgegebenen 4 Hefte bilden einen Band. Das letzte Heft eines Bandes enthält Inhalts- Autoren- und Sachverzeichnis.

Der Bezugspreis je Heft beträgt 10,— M. Sonderpreis für die DDR 5,— M.

Die Schriftleitung nimmt nur Manuskripte an, deren Gesamtumfang 20 Schreibmaschinenseiten nicht überschreitet und die bisher noch nicht, auch in anderer Form, im In- oder Ausland veröffentlicht wurden. Jeder Arbeit ist eine Zusammenfassung mit den wichtigsten Ergebnissen (nicht länger als 20 Zeilen), wenn möglich auch in russischer und englischer bzw. französischer Sprache, beizufügen. Gegebenenfalls erfolgt die Übersetzung in der Akademie.

Manuskripte sind zu senden an die Schriftleitung, Deutsche Akademie der Landwirtschaftswissenschaften zu Berlin, 108 Berlin, Krausenstr. 38—39.

Die Autoren erhalten Umbruchabzüge zur Korrektur mit befristeter Terminstellung. Bei Nichteinhaltung der Termine erteilt die Redaktion Imprimatur.

Für jede Arbeit werden unentgeltlich 100 Sonderdrucke geliefert. Das Honorar beträgt 40,— M je Druckbogen und schließt auch die Urheberrechte für das Bildmaterial ein. Dissertationen, auch gekürzte bzw. geänderte, werden nicht honoriert.

Verlag: Akademie-Verlag GmbH, 108 Berlin, Leipziger Straße 3—4, Fernruf 220441. Telex-Nr. 112020. Postscheckkonto: Berlin 35021. Bestellnummer dieses Heftes: 1063/IX/3.

Veröffentlicht unter der Lizenznummer 1308 des Presseamtes beim Vorsitzenden des Ministerrates der Deutschen Demokratischen Republik.

Gesamtherstellung: VEB Druckerei „Thomas Müntzer", 582 Bad Langensalza.

DEUTSCHE DEMOKRATISCHE REPUBLIK
DEUTSCHE AKADEMIE
DER LANDWIRTSCHAFTSWISSENSCHAFTEN ZU BERLIN

ZEITSCHRIFT FÜR LANDESKULTUR

Arbeiten aus den Fachgebieten Meliorationswesen, Grünlandkunde und Landschaftsplanung

AKADEMIE-VERLAG · BERLIN

BAND 9 · 1968 · HEFT 3

Z. Landeskultur · Bd. 9 · 1968 · H. 3 · S. 185–236 · Berlin

Inhalt

Содержание

Contents

Z. Landeskultur · Bd. 9 · 1968 · H. 3 · S. 187–200 · Berlin

Karel Kudrna

Graphisch-analytische Methode zur Festlegung und Steuerung einer differenzierten Beregnung bei Großflächenberegnungssystemen

Eingegangen: 14. 4. 1968

Leistung, schnelle Betriebsbereitschaft und einfache Handhabung sind Voraussetzungen für die Beregnung landwirtschaftlicher Nutzpflanzen bei Großflächenberegnungsanlagen mit Druckwasserzufuhr und -verteilung, die wir erfüllen müssen, um den biologischen Anforderungen der Pflanze Rechnung zu tragen und unproduktive Hilfsarbeiten weitgehend einzuschränken. Beim Aufbau der Großflächenberegnungssysteme hat sich gezeigt, daß man gleichzeitig auch neue Methoden zur Festlegung und Steuerung des Beregnungsregimes landwirtschaftlicher Nutzpflanzen anwenden muß.

Der Lösung dieses Problems wird in der Fachliteratur der ganzen Welt besondere Aufmerksamkeit gewidmet. Vor allem ist man bestrebt, den optimalen Wasserbedarf in den einzelnen Vegetationsperioden so einzustellen, daß er den optimalen Bedingungen der Lebensvorgänge der Pflanze gerecht wird. Bei der Festlegung des optimalen Wasserbedarfs wurden viele unterschiedliche Kriterien angewendet.

Es waren vor allem bodenkundliche Methoden, die auf der Feststellung der Bodenfeuchtigkeit basieren. Nach diesen Methoden wurde auch der Wasserbedarf für die jeweilige Pflanze ermittelt.

Die Problematik der Ermittlung der erforderlichen Wassermenge für die einzelne Pflanze führte zu einer weiteren Methode, die auf der Beobachtung des biologischen und biochemischen Verhaltens der Pflanze bei Wassermangel oder -überfluß basiert. Es ist die sogenannte physiologische Methode.

Die in der Literatur angeführten Ergebnisse deuten an, daß man auch mit dieser Methode die erwünschte Leistungsstufe und Betriebsbereitschaft nicht erreicht. Daher konzentrierten sich viele Autoren auf die Ermittlung der erforderlichen Wassermenge mit Hilfe von Berechnungsverfahren. Nach den spezifischen Eigenschaften des Bodens und der Pflanzen berechnete man den Wasserbedarf aufgrund verschiedener Kriterien, einschließlich der Schätzungsmethode.

In jüngster Zeit befassen sich immer mehr Autoren mit der meteorologischen Methode, bei der man in stärkerem Maße meteorologische Elemente (Niederschlagsmenge, Temperatur, relative Bodenfeuchtigkeit, Radiation usw.) berücksichtigt.

Die angeführten Methoden scheinen zur Zeit für Großflächenberegnungssysteme am aussichtsreichsten zu sein, da die für die Feststellung der Bodenfeuchtigkeit notwendigen Hilfsarbeiten einen geringen Umfang einnehmen.

Besondere Aufmerksamkeit verdienen die Arbeiten von MAKKINK (Ritjema, 1959), die vor allem auf der Feststellung der potentiellen Evapotranspiration in Abhängigkeit von der Radiation und der Temperatur basieren, ferner die Arbeiten von HAUDE (Van-Te-Chov, 1964), der neben den meteorologischen Faktoren auch den Reduktionskoeffizienten für die jeweilige Stufe der Bodenfruchtbarkeit berücksichtigt. L. TURC (1955) hat ebenfalls eine Gleichung der potentiellen Evapotranspiration abgeleitet, wobei er die Pflanzenart durch den sogenannten Pflanzenfaktor kennzeichnet.

Bei der Entwicklung der tschechoslowakischen Beregnungssysteme hat man mit Erfolg begonnen, die Methode von KLATT (1958) anzuwenden. Diese Methode basiert auf idealen Kurven, die für die einzelnen Pflanzen aufgrund der Summen von Dekadenniederschlagsmengen und Temperaturen — mit den entsprechenden Korrekturen für Veränderungen der klimatischen Bedingungen und der Bodeneigenschaften — aufgestellt werden.

Auch die tschechoslowakischen Forschungsarbeiten haben in dieser Hinsicht zu wesentlichen wissenschaftlichen Ergebnissen geführt. Es waren vor allem SLAMA (1966) und PYCHA (1966) aus dem Forschungsinstitut für Beregnungswirtschaft (VŮZH) in Bratislava, die die ALPATJEW-Methode (1954) durcharbeiteten und biologische Kurven des Wasserbedarfs der Pflanzen aufstellten, die auf den meteorologischen Faktoren und auf der Bilanz der Bodenfeuchtigkeit beruhen.

In dieser Arbeit wird eine Methode dargelegt, die der Gruppe der graphisch-analytischen Methoden zugerechnet werden kann und auf der Erkenntnis der Gesetzmäßigkeiten von thermodynamischen Bedingungen bei der Ertragsbildung der landwirtschaftlichen Nutzpflanzen auf einem bestimmten Niveau des bioenergetischen Bodenpotentials im untersuchten nichtstationären Vektorfeld basiert.

Diese Methode wurde bereits in früheren Studien (KUDRNA, 1967a, 1967b) dargelegt, und geht vor allem von den theoretischen Arbeiten von BUDYKO (1948, 1956, 1960) und SELJANINOV (1937) aus.

1. Methodik und Material

Die Methode wurde auf dem Versuchsstützpunkt des Instituts für Allgemeinen Pflanzenbau und Agrarmeteorologie der Agronomischen Fakultät der Hochschule für Landwirtschaft Prag im Rahmen des Beregnungssystems Moldau V — Melnik überprüft.

Als Versuchspflanzen wurden Zuckerrüben gewählt. Die meteorologischen Faktoren-Temperatur und Niederschlagsmenge — wurden einerseits von der meteorologischen Station des Stützpunktes, zum anderen im Netzwerk der Stationen des Beregnungssystems jeweils in 5 und 10 Tagen untersucht.

Die Flächen des Beregnungssystems umfassen 5200 ha, die Versuchsflächen selbst 2,0 ha.

Bei den Untersuchungen wurde eine beregnete und eine unberegnete Versuchsvariante berücksichtigt. Für die Beregnung wurden zwei Weitstrahlregner tschechoslowakischer Produktion — PU-K 2 — eingesetzt. Die Beregnungsmenge wurde durch Regenmesser erfaßt.

Für die Festlegung einer differenzierten Beregnung wurden Isolinien — Isokarpen — maximaler Rübenerträge auf dem gesamten Beregnungssystem in einer Periode von 8 Jahren ausgewertet und mit den geologischen und Bodenbedingungen verglichen. Für die Versuchsfläche wurde eine Isolinie von 43,5 t/ha in die nähere Betrachtung gezogen. Die Isolinien der maximalen Erträge stellen — wie bereits früher gezeigt wurde (KUDRNA, 1967b) — das maximale Niveau des bioenergetischen Bodenpotentials im jeweiligen Zeitintervall dar.

Für Vergleichszwecke wurden auch Isolinien maximaler Erträge innerhalb der untersuchten Zeitperiode ausgewertet.

Die Isolinien — Isokarpen — wurden auf Grund der in den einzelnen Haupt- und Nebenbetrieben des Beregnungssystems Moldau V. ermittelten Erträge durch lineare Interpolation der Katastermittel der einzelnen Betriebe ausgewertet.

Die eigentliche Auswertung des Beregnungssystems bei Zuckerrüben erfolgte auf der Grundlage der bereits früher erkannten Gesetzmäßigkeiten der thermodynamischen Beziehungen im bioenergetischen System (KUDRNA, 1967a).

Bezeichnen wir den in der langen Zeitreihe erreichten maximalen Ertrag als „Y max“, die Summe der Durchschnittstemperaturen, z. B. in Dekaden, in °C während der Vegetation der Pflanze als „t_c“, die Summe der Niederschlagsmengen für denselben Zeitabschnitt in mm als „h_s“, die Durchschnittstemperaturen in der untersuchten Periode (Dekade, Pentade) als „t_{c_n}“ und die Summe der Niederschlagsmengen für diese Periode „h_{s_n}“ — ergibt sich eine Veränderung der inneren Energie Δu beim bioenergetischen System

$$\Delta u = Y \max \left(\frac{t_{cn}}{t_c} - \frac{h_{sn}}{h_s} \right) \tag{1}$$

wobei

Δu = die Veränderung der inneren Energie des Systems für das jeweilige Niveau des bioenergetischen Bodenpotentials, das durch den Maximalertrag der Pflanze Y max in der langen Zeitreihe, — d. h. 10—15 Jahre — gekennzeichnet ist.

Kennen wir also die Werte der Veränderungen Δu für das jeweilige Niveau des bioenergetischen Bodenpotentials, dargestellt durch den Maximalertrag im jeweiligen Zeitintervall, kann man die erforderliche Beregnungsmenge m_z festlegen, die notwendig ist, damit die erforderliche Stufe des thermodynamischen Gleichgewichts erreicht wird, d. h.

$$m_z = \left(\frac{t_{cn}}{t_c} - \frac{\Delta u}{Y \max} \right) \cdot h_s \,. \tag{2}$$

Zu dem charakteristischen Grundverlauf der Änderungen Δu wurden dann die Dekadenwerte Δu für die untersuchte Zuckerrübe in den Beregnungsjahren 1966 und 1967 zugesetzt.

Die charakteristischen Kurven wurden auf Millimeterpapier für die Isolinie 43,5 t/ha und 34,0 t/ha ausgewertet. An Hand der Tagesmeldungen der meteorologischen Stationen des Beregnungssystems wurden Veränderungen von Δu berechnet. Im Zeitabschnitt, in dem die Kurve der untersuchten Werte Δu die charakteristische Kurve schnitt und einen Wert erreichte, der höher war als der Wert der charakteristischen Kurve, wurden nach der Formel (2) die Beregnungsmenge berechnet und die Beregnung durchgeführt.
Auf dem Versuchsstützpunkt wurden auch die Erträge der beregneten und der unberegneten Zuckerrüben ausgewertet.

2. Bedingungen für eine differenzierte Beregnung der landwirtschaftlichen Nutzpflanzen

Als grundlegende Bedingung der Differenzierung des Beregnungsregimes der landwirtschaftlichen Nutzpflanzen ist die Stufe der Bodenfruchtbarkeit aufzufassen, die in unserem Fall durch das Niveau des bioenergetischen Bodenpotentials, dargestellt durch die in einer langen Zeitreihe erreichten maximalen Zuckerrübenerträge, gekennzeichnet ist. Zu deren Flächenverteilung wurde die Isokarpen-Methode (KUDRNA, 1967b) verwendet.
Aus den graphischen Darstellungen ergibt sich, daß die Maximalerträge der Zuckerrüben sich auf dem Gebiet des Beregnungssystems ganz gesetzmäßig

Abb. 1: Maximalwerte der Isokarpen bei Zuckerrüben auf dem Beregnungssystem Moldau V. — Mělník

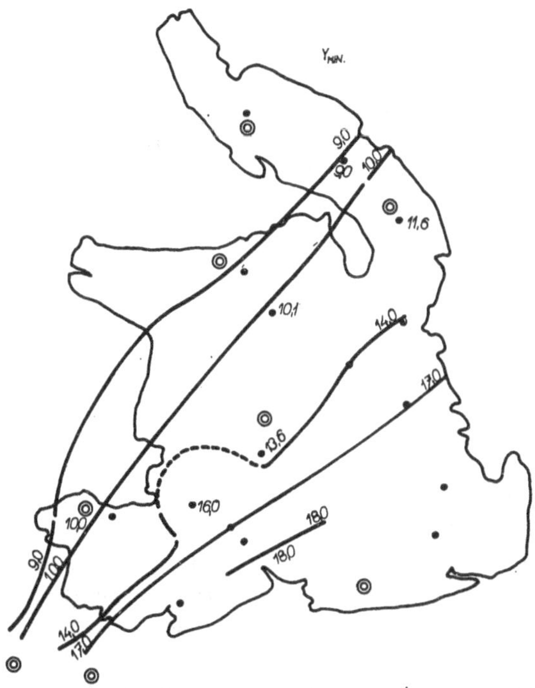

Abb. 2: Minimalwerte der Isokarpen der Zuckerrüben auf dem Beregnungssystem Moldau V. — Mělník

verteilen. In nordwestlicher Richtung sinken die Maximalwerte der Isokarpen von 43,5 t auf 34,0 t (die Differenz beträgt also 9,5 t). Ähnlich verteilen sich nach derselben Gesetzmäßigkeit auch die Minimalwerte, während die Differenz 9,0 t beträgt (Abb. 2).

Die Ursachen dieser gesetzmäßigen Verteilung der Maximal- und Minimalwerte der Zuckerrüben — Isokarpen — im gleichen Zeitintervall — sind im geologischen Substrat und in den daraus hervorgegangenen Böden, bzw. im Gesamtniveau des bioenergetischen Bodenpotentials zu suchen; denn es kommt — wie sich im Verlauf der Isokarpen herausgestellt hat — dabei zu einer vollkommenen Übereinstimmung mit den Eigenschaften des bioenergetischen Bodenpotentials.

Geologisch gehört der gesamte untersuchte Bereich zum Gebiet der oberen Kreide, die durch Sedimente der III. und der IV. Zone des mittleren Turons vertreten ist; nur in der Gegend von Spomyšl treten Sedimente der V. bis IX. Zone auf, wie es auch die Isokarpe *Y* max sowie *Y* min deutlich zeigte.

Die III. und die IV. Zone ist durch Kalk-, Mergel- und Kaolinsandsteine und Mergel gekennzeichnet. Die V. bis IX. Zone weist Kalksandsteine auf.

Der südliche Teil des Systems — (die Gegend von Brozánky, Hořín, Želčín, Vrbno, Lužec und Jenišovice) ist von einem Kreidegebilde anthropozoischer Sedimente bedeckt. Es gibt hier Ablagerungen einiger pleistozäner Terrassen, aber auch andere alluviale Ablagerungen.

Daraus ergibt sich, daß der Verlauf der Isokarpen den geologischen Verhältnissen Rechnung trägt. Das höchste Niveau der Maximalwerte der Isokarpen ist eben in dieser südlichen Zone der alluvialen Ablagerungen konzentriert, während die Werte der Isokarpen in der nordwestlichen Richtung schrittweise zurückgehen. Vergleichen wir in diesem Maßstab den Verlauf der Isokarpen mit den Bodeneigenschaften, so stellt sich heraus, daß auf dem Gesamtgebiet des Beregnungssystems vor allem mittelschwere Böden vorherrschen; leichtere Böden herrschen im Bereich des südlichen Teiles des Systems (die Gegend von Vraňany, Chramostek und Hořin) vor. Hier erscheint die Isokarpe mit den höchsten Werten. Was die Bodentypen betrifft, überwiegen hier die Schwarzerden; im Schwemmgebiet kommen Auenböden vor. Die Einwirkung der Böden auf den Verlauf der Isolinien macht sich hier ebenfalls bemerkbar.

Aus den angeführten Ergebnissen kann man schlußfolgern, daß die Verteilung der Isokarpen keineswegs zufällig ist. Sie ist unter den jeweiligen annähernd gleichen klimatischen Bedingungen innerhalb langer Zeitreihen und bei extremen Erträgen durch das Niveau des bioenergetischen Bodenpotentials bestimmt. Infolgedessen geben der Verlauf und die Verteilung der Isokarpen auf dem Gebiet des Beregnungssystems die Möglichkeit, eine differenzierte Beregnung der landwirtschaftlichen Nutzpflanzen, vor allem in ihren kritischen Perioden, auf dem Gesamtgebiet des Beregnungssystems vorzunehmen.

Bei der Festlegung des eigentlichen Beregnungsregimes gehen wir dann von der Tatsache aus, daß der Maximalertrag der jeweiligen Pflanze (in unserem Falle der Zuckerrüben) in der langen Zeitreihe im jeweiligen Zeitintervall der Entwicklung des bioenergetischen Systems ein relativ maximales Niveau des bioenergetischen Bodenpotentials darstellt. Wie aus der Tabelle 1 zu ersehen, bestehen im Niveau des Beregnungssystems beträchtliche Unterschiede, die sich auch in der Differenzierung der Beregnung widerspiegeln.

Bei der Festlegung des Beregnungsregimes der Zuckerrüben wurde die beschriebene Methode, die wir als graphisch-analytische Methode bezeichnen, angewendet.

Dabei wurden folgende Ergebnisse erzielt.

Tabelle 1
Charakteristische Kurven der Werte von Veränderungen der inneren Energie Δu für die Zone der Isokarpen 43,5 und 34,0 t

Monat	t_c	h_s	Δu (43,5)	Δu (34,0)
IV	24,0	29,4	−0,87	−0,68
V	42,0	20,6	+3,52	+2,75
VI	52,4	42,7	+1,57	+1,22
VII	52,2	65,5	−2,25	−1,75
VIII	53,3	90,9	−6,30	−4,91
IX	39,5	13,3	+4,32	+3,42
	263,4	262,1		

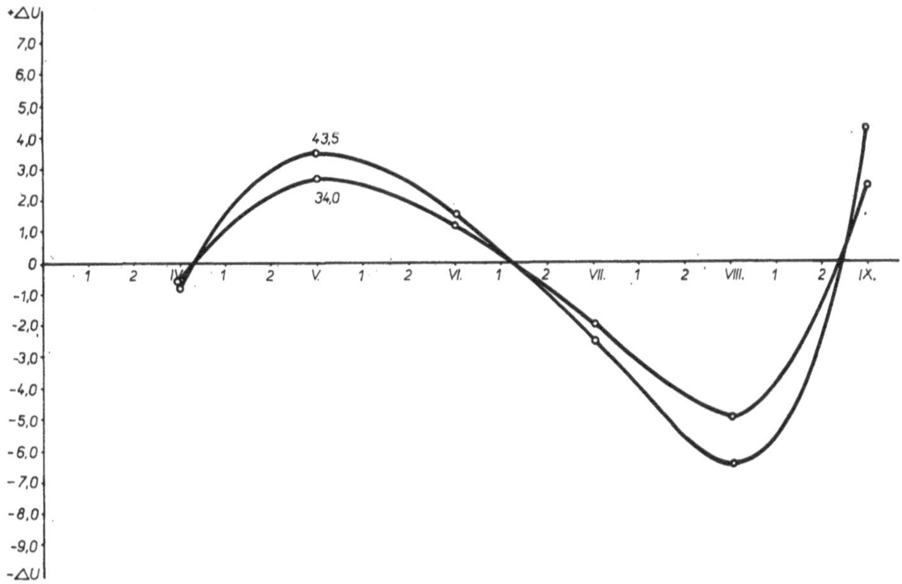

Abb. 3: Graphische Darstellung des Verlaufs des thermodynamischen Parameters Δu für die Zone 43,5 und 34,0

Tabelle 2
Das Beregnungsjahr 1966 — Isokarpe 43,5 t/ha
Werte Δu in der Vegetationsperiode der Zuckerrüben

Monat / Dekade		t_c	h_s	Δu	Berechnet m_z (mm)	Tatsächlich m_z	Rangfolge
IV	1	6,3	11,3	−0,27			
	2	10,37	40,3	−4,04			
	3	12,37	9,2	+0,39			
	1	13,16	10,0	+0,37			
V	2	16,2	12,7	+0,45			
	3	14,22	28,3	−1,95	Die Beregnungsanlagen wurden im Hinblick auf den überwiegenden Einfluß der Niederschläge gegenüber dem Einfluß der Temperatur während der gesamten Vegetationsperiode nicht verlegt.		
	1	17,6	14,0	−0,42			
VI	2	21,19	14,4	+0,80			
	3	16,33	76,4	−8,19			
	1	17,07	58,0	−5,55			
VII	2	18,03	47,4	−3,95			
	3	18,67	20,3	−0,25			
	1	16,21	72,1	−7,55			
VIII	2	19,60	19,9	−0,13			
	3	16,31	34,6	−3,56			
	1	15,53	10,2	+0,64			
IX	2	14,07	1,2	+0,21			
	3			+0,90			

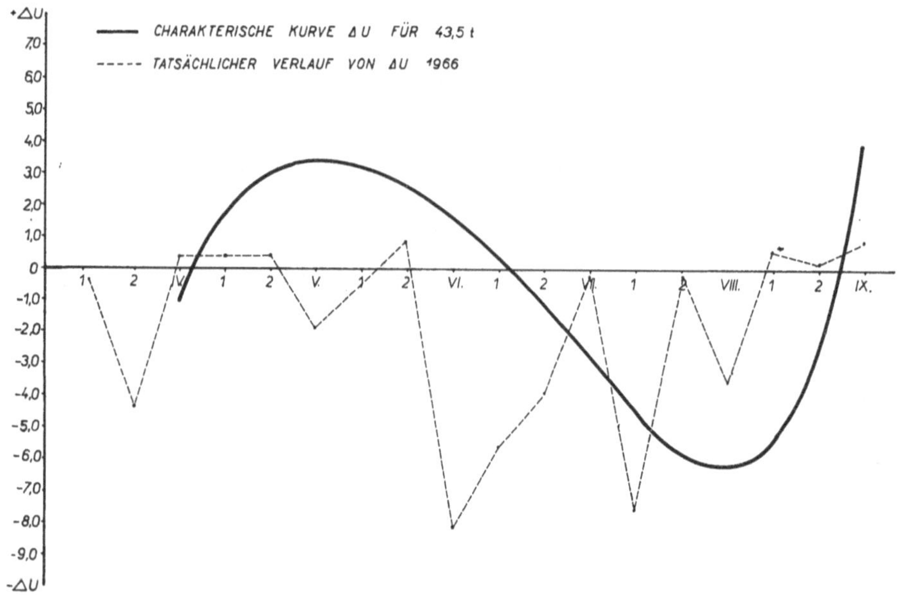

Abb. 4: Graphische Darstellung der Werte Δu in der Vegetationsperiode der Zuckerrüben im Jahre 1966

Die graphische Darstellung zeigt, daß es im Hinblick auf den unterschiedlichen Wert des Niveaus des bioenergetischen Bodenpotentials einen wesentlichen Unterschied in der Amplitude der charakteristischen Kurven beider Zonen gibt, wobei die Verteilung gleich bleibt. Es wird sich daher bloß die benötigte Beregnungsmenge verändern.

Der Verlauf der charakteristischen Kurven stellt dabei einen Zustand dar, bei dem die Werte $\Delta u > 0$ das erforderliche Übergewicht des Einflusses der Temperaturen gegenüber dem Einfluß der Niederschlagsmengen zeigen, während die Werte $\Delta u < 0$ das erforderliche Übergewicht des Einflusses der Niederschlagsmengen gegenüber dem Einfluß der Temperaturen darstellen.

Aus den Angaben ergibt sich, daß der Unterschied der berechneten Beregnungsmenge für die Isokarpe 43,5 t/ha und 34,0 t/ha 61,0 mm beträgt (Tab. 3a, b).

3. Die Einwirkung der Beregnung auf die Zuckerrübenerträge im Jahre 1967

Da das Jahr 1966 für die Beregnungstätigkeit ungünstig war, war es nur im Jahre 1967 möglich, die Zuckerrübenerträge auf den beregneten und auf den unberegneten Versuchsvarianten für die Isokarpe 43,5 auszuwerten. Die Auswertung erfolgte im Rahmen der Versuchsbasis des Instituts bei 5 Wiederholungen; die Durchschnittszahl der Rübenpflanzen betrug 57800/ha (Tab. 5).

Tabelle 3 a
Das Beregnungsjahr 1967 – Isokarpe 43,5 t/ha
Werte Δu in der Vegetationsperiode der Zuckerrüben
und Beregnungsmengen in mm

Monat	Dekade	t_c	h_s	Δu	Berechnet m_z (mm)	Tatsächlich m_z (mm)	Rangfolge
	1						
IV	2	12,19	4,40	+1,29			
	1	12,48	23,2	−1,79			
V	2	16,41	47,5	−5,18			
	3	15,26	45,3	−5,01			
	1	14,67	24,9	−1,71			
VI	2	13,33	28,8	−2,58			
	3	16,26	25,6	−1,57			
	1	18,14	5,7	+2,07	36,4	40,0	1.
VII	2	20,3	7,2	+3,24	39,5	46,0	2.
	3	23,43	14,7	+1,41	32,0	35,0	3.
	1	19,49	34,2	−2,45	–	–	
VIII	2	16,87	13,2	+0,60	36,0	36,0	4.
	3	16,30	5,6	+1,77	–	–	
	$1^1/_5$	18,36	9,2	+1,51	27,0	36,0	5.
	$1^2/_5$	13,62	50,6	−6,15	–	–	
IX	2	13,50	39,0	−4,25	–	–	
	3	14,50	1,8	+2,69	–	–	
				Insgesamt	170,9	193,0	

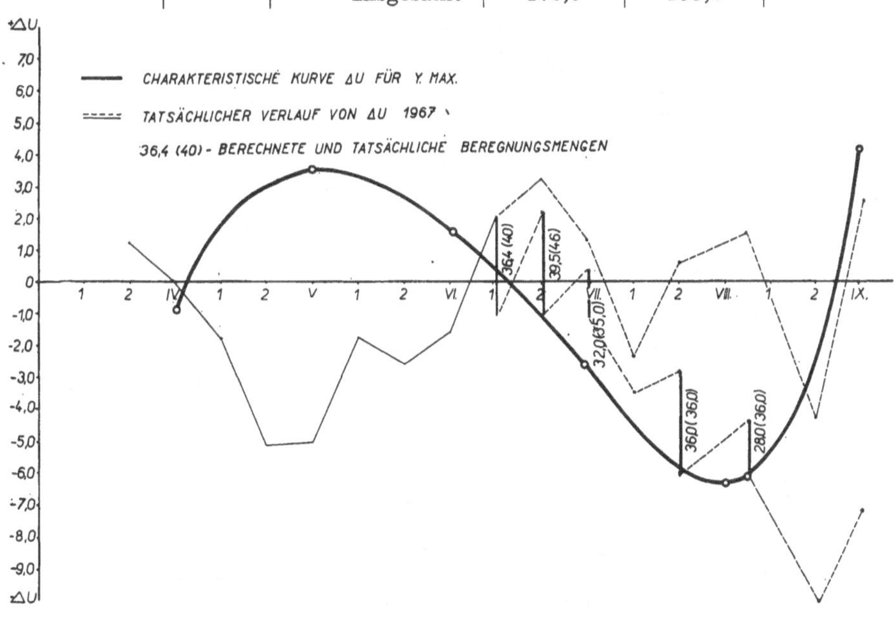

Abb. 5: Graphische Darstellung der Werte Δu in der Vegetationsperiode der Zuckerrüben (Isokarpe 43,5 t/ha) im Jahre 1967

Tabelle 3b
Das Beregnungsjahr 1967 – Isokarpe 34 t/ha
Werte Δu in der Vegetationsperiode der Zuckerrüben
und Beregnungsmengen in mm

Monat	Dekade	t_c	h_s	Δu	m_z (mm)
	1	–	3,8	–	
IV	2	12,19	4,8	+0,95	
	3	7,15	3,5	+0,49	
			12,1		
	1	12,48	26,8	−1,86	
V	2	16,41	37,9	−2,78	
	3	15,26	45,7	−3,81	
			110,4		
	1	14,67	17,7	−0,39	
VI	2	13,33	31,8	−2,39	
	3	16,26	24,6	−1,09	
			74,1		
	1	18,14	5,8	+1,58	37,8
VII	2	20,30	13,2	+0,91	34,8
	3	23,43	23,0	+0,04	24,9
			42,0		
	1	19,49	27,6	−1,07	
VIII	2	16,87	11,1	+0,73	
	3	16,30	0,0	+2,10	32,3
			38,7		
	1	18,36	71,7	−7,00	
IX	2	13,50	44,5	−4,03	
	3	14,50	0,4	+1,82	
			116,6		
			393,9	Insgesamt	129,8 mm

Tabelle 4
Bilanz der Beregnungsmengen für das Jahr 1967
Isokarpe 43,5 Isokarpe 34,0
Beregnungsmenge m_z (in mm)

Dekade der Beregnung	Berechnet	Tatsächlich	Berechnet	Tatsächlich
1/VII	36,4	40,0	37,8	–
2/VII	39,5	46,0	34,8	–
3/VII	32,0	35,0	24,9	–
1/VIII	–	–	–	–
2/VIII	36,0	36,0	–	–
3/VIII	–	–	32,3	–
1/IX	27,0	36,0	–	–
	170,9	193,0	129,8	–

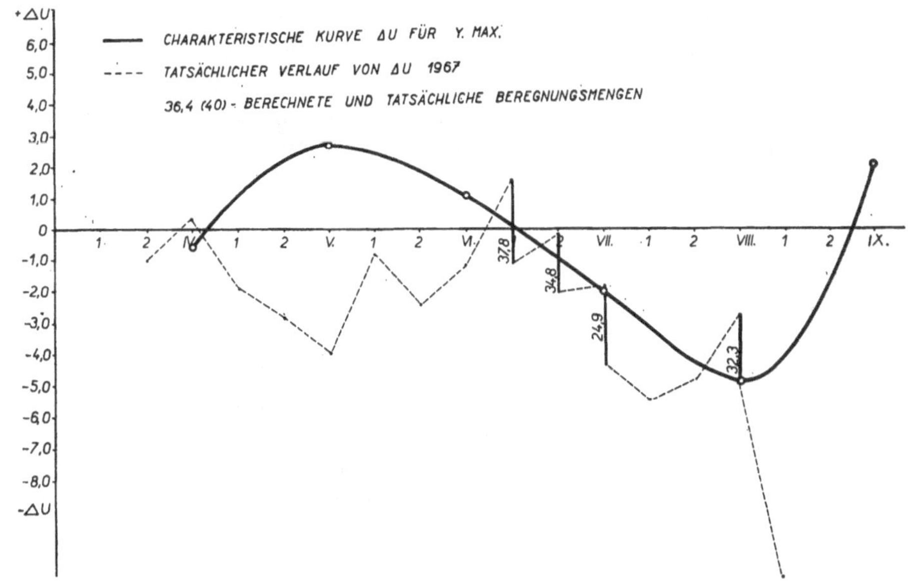

Abb. 6: Graphische Darstellung der Werte Δu in der Vegetationsperiode der Zuckerrüben (Isokarpe 34,0 t/ha) im Jahre 1967

Tabelle 5

Unberegnete Variante		Beregnete Variante	
Gewicht der Rübenkörper t/ha	Gewicht des Rübenblattes t/ha	Gewicht der Rübenkörper t/ha	Gewicht des Rübenblattes t/ha
55,66	46,71	58,93	56,13
Unterschied (Rübenkörper — Rübenblatt):			
8,95		2,80	

Die Ertragssteigerung von Rübenkörpern und -blatt in Tonnen/ha auf der beregneten Versuchsvariante im Vergleich zu der unberegneten betrug bei den Rübenkörpern plus 3,27 t/ha, beim Rübenblatt plus 9,42 t/ha.

4. Diskussion der Ergebnisse

Die Absicht, die Kosten und den erheblichen Bedarf an lebendiger Arbeit für Hilfsarbeiten bei Großflächenberegnungssystemen zu senken, führte uns zum Gedanken, die bereits früher erkannten Gesetzmäßigkeiten der thermodynamischen Beziehungen im bioenergetischen System $E_s \rightarrow E_{rs} \rightleftarrows E_p$ zur Festlegung und zur Steuerung der Beregnung bei landwirtschaftlichen Nutzpflanzen auszunutzen. In der vorliegenden Arbeit wird von der Überprüfung der neuen Methode beim Zuckerrübenbau im Beregnungssystem Moldau V. berichtet.

Unsere Annahmen über die Möglichkeit der Festlegung und der Steuerung der Beregnung landw. Nutzpflanzen durch die vorliegende Methode, ohne

Ermittlung und Prüfung der Bodenfeuchtigkeit, haben sich voll bestätigt. Es hat sich ebenfalls herausgestellt, daß es bei der Auswertung der Isolinien der Maximalerträge der jeweiligen Pflanze, die im gegebenen Zeitintervall den relativen Maximalwert des bioenergetischen Bodenpotentials der jeweiligen Pflanze darstellen, möglich ist, die Beregnung sehr gut zu differenzieren.
Im Beregnungsjahr 1966 ergab der Vergleich des tatsächlichen Verlaufs Δu mit der charakteristischen Kurve, daß es nicht nötig war, Beregnungsanlagen zu verlegen, da der Verlauf der Niederschläge und der Temperaturen in der Menge und in der Verteilung günstig war. Daher haben auch die Erträge für die Isokarpen 43,5 und 34,0 fast dieselben Werte erreicht.
Im Beregnungsjahr 1967 wurden Beregnungsarbeiten durchgeführt, und zwar für die Isokarpe 43,5—193 mm, — berechnet 171 mm — und für die Isokarpe 34,0 — berechnet 130 mm; es war nicht möglich, die Erträge und die tatsächliche Beregnungsmenge für diese Isokarpe zu ermitteln. Infolge des unterschiedlichen Niveaus des bioenergetischen Bodenpotentials betrug der Unterschied im Vergleich zum niedrigeren Niveau 61 mm. Der Zuckerrübenertrag, untersucht auf der beregneten und auf der unberegneten Variante, ergab einen Unterschied im Anfall der Rübenkörper von plus 3,27 t/ha und des Rübenblattes von plus 9,42 t/ha zugunsten der beregneten Versuchsvariante trotz einer beträchtlichen Verunkrautung einiger Parzellen.
Die Ergebnisse wurden durch starke Regenfälle in der 1. September-Dekade sehr ungünstig beeinflußt. Dadurch verlängerte sich die Vegetationsperiode und der günstige Herbst verwischte die Unterschiede zwischen der beregneten und der unberegneten Versuchsvariante beträchtlich.
Die Veränderungen im Zucker- und Eiweißgehalt auf der beregneten und auf der unberegneten Versuchsvariante und ein Vergleich der vorgelegten Methode mit anderen soll in einer späteren Arbeit behandelt werden.

Zusammenfassung

In der vorliegenden Arbeit wird die graphisch analytische Methode zur Ermittlung und Steuerung der differenzierten Beregnungsregime landw. Nutzpflanzen bei Großflächenberegnungsanlagen dargelegt. Die Methode beruht auf dem Grundsatz der thermodynamischen Beziehungen zwischen den Temperaturen und den Niederschlagsmengen im bioenergetischen System „Energie der Sonnenstrahlung — potentielle Energie der Pflanzen — bioenergetisches Bodenpotential“. Die Differenzierung der Beregnungsregime wird aufgrund des Niveaus des bioenergetischen Bodenpotentials im Bereich des Beregnungssystems festgestellt.

Резюме

В работе показан графико-аналитический метод определения и управления дифференцированными оросительными режимами полевых культур на оросительных системах больших площадей. Метод состоит в принципе термодинамических отношений между температурами и осадками в биоэнергетической

системе „Энергия солнечнои радиации — потенциальная энергия растения — биоэнергитический потенциал почвы“.
Дифференциация оросительных систем определяется по уровню биоэнергетического потенциала почвы на территории оросительной системы.

Summary

The paper deals with the graphic and analytical method of determining and managing differenciated irrigation schedules of field crops in irrigation systems used on large tracks of land.
The method is based on thermo-dynamic relationship between temperature and precipitation in the bioenergetic system "Energy of solar radiation — potencial energy of the plant — bioenergetic potential of the soil". The differentiation of irrigation schedules is determined according to the level of the bioenergetic potential of the soil in the area of the irrigation system.

Literatur

ALPATJEV, A. M.: Vlagooborot kulturnych rastěnij, Leningrad, 1954.
AZZI, G.: Selskochozjajstvennaja ekologija, rusky, 1959. Moskva 1959.
BEDRNA, J.; PÝCHA, M.: Metody určování závlahového množství, Vodní hospodářství 12, Praha 1960, str. 525—530.
BROWER, W.: Zuckerrübe und Beregnung, „Mitteilungen deutsch. landw. Gesellschaft“ 79 (1964).
BUDYKO, M. I.: Isparenije v jestěstvennych uslovijach, Moskva 1948.
BUDYKO, M. I.: Těplovoj i vodnyj režim zemnoj pověrchnosti, Sb. „Sovětskaja geografija“. Leningrad, 1960.
BUDYKO, M. I:: Těplovoj balans zemnoj pověrchnosti. Leningrad 1960.
KIREJEV, V. A.: Kurs fyzičeskoj chimiji. Moskva, Leningrad 1951.
KLATT, F.: Technik und Anwendung der Feldberegnung. Berlin 1958.
KLEČKA, A.; BLATTNÝ C.: Umělý déšt v zemědělství. Olomouc, 1936.
KOŘENSKÁ, E.: Různé metody určování termínu závlah v provozu, Dipl. práce, Katedra základ. agrotechniky a agrometeorologie AF VŠZ v Praze 1961.
KOSTJAKOV, A. N.: Osnovy melioracij, Moskva 1961.
KUDRNA, K.: Termodynamický charakter vlivu klimatických faktorů na utváření výnosů polních plodin, Rostlinná výroba, ÚVTI, 6, Praha 1967a).
KUDRNA, K.: Plošné rozdělení výnosů některých hlavních plodin na území Středočeského kraje a jeho měnlivost v souvislosti s geologickými a půdními podmínkami. Rostlinná výroba, 7, ÚVTI Praha 1967b).
ORLOVSKIJ, N. I.: Osnovy biologii sacharnoj svekly. Kijev 1961.
RIJTEMA, P. E.: Calculation methods of potential evaporation. Institut for Land and Watter Management Researal Wageningen, Tech. bulletin 7 (1959).
SLÁMA, Vl.: Řízení závlahového provozu, Refer. VÚSH Bratislava 1964.
SELJANINOV, G. I.: Metodika s-ch. charakteristiky klimata, Mirovoj agrokl. spraročnik. Moskva 1937.
STEHLÍK, V.: Optimální podmínky vzrůstu cukrovky, Svborník ČSAZV, ř. B. č. 1 str. 1—36 (1948).
STEJSKAL, J.: Zemědělská geologie. Praha 1958.

STEJSKAL, J.: Minerální síla matečních hornin zemědělských půd, Sborník VŠZ Praha 1962 str. 219–255.
THORNTWEITE, C. W.; MATHER, S. R.: Water balance; Duxal Institute of Technology, Publication in climatology VIII N. 1., Centerton-New Jersey 1955.
TURC, L.: Le bilan d'eau des sols, Anales de l'Inst. Nat. de la Recherches Agronomic IV., Versailles 1955.
WAN TE CHOW: Handbook of applied hydrology (1964).

Anschrift des Verfassers:
Prof. Dr. sc. Dipl.-Ing. K. KUDRNA
Direktor des Instituts für Allgemeinen Pflanzenbau und Agrarmeteorologie
Hochschule für Landwirtschaft Prag; Praha 6 – Suchdol

Z. Landeskultur · Bd. 9 · 1968 · H. 3 · S. 201–207 · Berlin

Aus dem Institut für Landschaftspflege der Humboldt-Universität zu Berlin

MAX KROLL

Pflege- und Erziehungsmaßnahmen in Windschutzstreifen

Eingegangen am 15. 3. 1968

Zahlreiche Beispiele aus der Vergangenheit zeigen eindeutig, daß es damit nicht getan ist, Windschutzstreifen anzulegen und die Pflanzung kurze Zeit (2 bis 3 Jahre) zu pflegen, bis sie der Gefahr, von Unkraut überwuchert zu werden, entwachsen ist. Es ist vielmehr unbedingt notwendig, die Anpflanzungen auch über das Anwuchsstadium hinaus zu pflegen und sie so zu erziehen, daß

sie auch wirklich die Funktion des Windschutzes voll erfüllen,
die Gehölzartenzusammensetzung möglichst lange erhalten bleibt und
die wirtschaftlich wertvolleren Baumarten Nutzholz ergeben.

Die entscheidende Bedeutung der Pflege- und Erziehungsarbeiten für den strukturellen Aufbau funktionstüchtiger Windschutzstreifen ist bisher vielfach nur ungenügend erkannt, zumindest aber stark unterschätzt worden, so daß nur einige Windschutzstreifen ihre Aufgabe voll erfüllen und die Aufwendungen für andere zum Teil vergebens erfolgt sind. Die Auffassung, daß solche Pflege- und Erziehungsarbeiten nichts einbringen und bei dem allgemeinen Mangel an Arbeitskräften nicht durchgeführt werden können, ist irrig. Sie sind auf alle Fälle notwendig, damit die Windschutzstreifen die ihnen zugedachte Funktion voll erfüllen können.

1. Pflegeziel

Die Jugendentwicklung der einzelnen Baum- und Straucharten in Mischpflanzungen ist sehr unterschiedlich. Ohne menschlichen Eingriff überwachsen die Gehölzarten mit schneller Jugendentwicklung die langsamer wachsenden. Wenn aber z. B. die Hauptholzart, die später das Hauptstützgefüge bilden und daher hoch und stark werden soll, bereits im 1. oder 2. Jahrzehnt nach der Pflanzung von Sträuchern überwachsen wird und ausfällt, dann erreicht die Windschutzpflanzung nicht die der Planung zu Grunde gelegte Höhe und somit auch nicht den geplanten Wirkungsbereich. Das Ziel der Pflege- und Erziehungsarbeiten muß deshalb sein,

die Hauptholzart so zu begünstigen, daß die der Planung zu Grunde gelegte Höhe erreicht wird und sie bei ihrer späteren Nutzung ein 4,5 bis 6 m langes astarmes Nutzholzstammstück (Pappel 8 m) ergibt,
durch wiederholte Eingriffe auch für die anderen, in den Windschutzstreifen vergesellschafteten Baum- und Straucharten den notwendigen Kronen- und

Wuchsraum zu schaffen, damit diese erhalten bleiben und ein mehrschichtiger Aufbau der Windschutzstreifen erreicht wird.

Versäumnisse bei der Pflege und Erziehung der Gehölze in den Windschutzstreifen während der ersten Jahrzehnte nach der Pflanzung können später nicht mehr nachgeholt werden.

Wenn nicht bereits bei der Anlage der Windschutzstreifen von vornherein auf die teilweise erheblichen Unterschiede im Jugendwachstum, im Lichtbedarf, in der gegenseitigen Verträglichkeit und in der standortsbedingten erreichbaren Höhe der einzelnen Gehölzarten geachtet worden ist, also zahlreiche Gehölzarten wahllos in Buntmischung miteinander vergesellschaftet wurden, komplizieren und verteuern sich unnötigerweise die Pflegearbeiten (KROLL 1965). In solchen Fällen muß vor Inangriffnahme der Pflegearbeiten eindeutig festgelegt werden,

welche Gehölzarten auf dem gegebenen Standort vital genug sind, um auch ohne großen Pflegeaufwand sich selbst zu erhalten,

welche Baumart davon als Hauptholzart besonders geeignet erscheint,

welche weiteren Gehölzarten aus biologischen oder technischen Gründen noch erwünscht sind, auch wenn für ihre Erhaltung ein etwas höherer Pflegeaufwand erforderlich werden könnte,

schließlich, welche Arten nur bei dauernder, intensiver Pflege erhalten bleiben können.

In der Regel wird auf eine Pflege der letztgenannten Gruppe aus wirtschaftlichen Gründen von vornherein verzichtet werden müssen, wenn geeignetere Arten in ausreichendem Maße im Windschutzstreifen vertreten sind.

2. Pflege- und Erziehungsarbeiten

Ein Windschutzstreifen erfüllt nur dann seine Aufgaben voll und ganz, wenn er aus hohen schmalkronigen Bäumen mit lebensfähigem Unterholz besteht. Die menschlichen Eingriffe müssen frühzeitig genug erfolgen, müssen sich in Abständen von einigen Jahren wiederholen und dürfen jeweils nicht zu stark sein. Die Art der Eingriffe, ihr Zeitpunkt und ihre Stärke sind von der Gehölzartenzusammensetzung, dem Alter und dem Standort abhängig. Es ist daher notwendig, vor Inangriffnahme der Arbeiten durch jeden Windschutzstreifen zu gehen und die Arbeiten im einzelnen festzulegen, so dann bei Beginn der Arbeiten die Arbeitsbrigade am Objekt über das Ziel der Maßnahmen, die Stärke des Eingriffs und die Ausführung der Arbeiten zu unterweisen und entsprechend anzuleiten. Hier lassen sich nur allgemein gültige Hinweise geben, die je nach dem Alter der Gehölze verschieden sein müssen.

2.1. Pflege- und Erziehungsmaßnahmen in 5- bis 15jährigen Windschutzstreifen

Die Anpflanzungen haben in diesem Alter allmählich Schluß bekommen, der Boden wird ausreichend beschattet. Die Konkurrenz der Gehölze nach dem Licht beginnt. Sie versuchen, sich gegenseitig zu überwachen. In dieser Entwicklungsphase ist darauf zu achten, daß die für den späteren Aufbau der Windschutzstreifen wertvollen Arten, insbesondere die Hauptholzart, nicht von wüchsigeren Arten, z. B. Strauchweiden, überwachsen werden. Die Arten, die die Hauptholzart stark in ihrer Krone bedrängen und zu überwachsen drohen, sind am besten durch Köpfen in Brusthöhe, oder durch starkes Aufasten oder durch Ringeln — vollständiges Entfernen der Rinde rund um das Stämmchen auf einem 30 bis 40 cm breiten Streifen, das zum allmählichen Absterben der Holzpflanze innerhalb der nächsten 4 Jahre führt — im Wuchs zu hemmen oder durch Anstreichen eines 30 bis 40 cm breiten Streifens rund um das Stämmchen mit Selest abzutöten. Ein Aushieb ist im allgemeinen nicht zu empfehlen, weil dadurch der Schluß zu radikal durchbrochen und die Hauptholzart zu einem zu starken Wachstum der Äste auf Kosten des Höhenwachstums angeregt werden würde. Noch muß auf guten Schluß gehalten werden, damit die Hauptholzart in die Höhe getrieben wird. Jedoch auch nicht zu sehr, damit die Stämmchen nicht durch Naßschnee niedergebogen werden können. Gleichzeitig sind Zwiesel — nur an der Hauptholzart — oder starke Konkurrenztriebe auszuschneiden und stärkere Seitenäste der Hauptholzart — Eiche, Ahorn, Linde, Esche, Birke — auf etwa 10 cm Länge einzustutzen, um das Höhenwachstum anzuregen (WAGENKNECHT 1962). Der Blick ist also in erster Linie auf die Hauptholzart gerichtet. Sie ist durch Schnitt zu pflegen und ihre Bedränger sind im Wuchs zurückzuhalten. Alles andere, wie z. B. die Herausnahme kranker oder beschädigter Bestandsbildner ist zweitrangig.

Lediglich bei der Pappel beginnt bereits im Alter von 5 Jahren die Astung. Die Ausführung dieser Pflegearbeiten ist von BORSDORF (1965) beschrieben, hier wird nur darauf verwiesen.

2.2. Pflege- und Erziehungsmaßnahmen in 16- bis 30jährigen Windschutzstreifen

In dieser Entwicklungsphase nimmt das Höhenwachstum der meisten Baumarten von Jahr zu Jahr zu und erreicht gegen Ende der Periode etwa seine Maximalwerte. Das Hauptaugenmerk muß sich nach wie vor auf die Hauptholzart richten, damit sie nicht überwachsen wird. Die besten, d. h., spitzkronige, gerade, gesunde Bäume der Hauptholzart sind zu fördern, sperrwüchsige oder krumme Exemplare dagegen zu köpfen, kranke herauszuhauen. Unterwüchsige Arten und Sträucher bleiben erhalten, sie schaden der Hauptholzart nicht in der Krone. Meist wird es zur Anregung des Höhenwuchses der Straucharten notwendig werden, durch Astung und Entzwieseln der besten Exemplare der Hauptholzart, den Straucharten den erforderlichen Lichtraum zu geben (PFLUG 1959). Diese Maßnahmen dienen gleichzeitig der Erziehung von Nutzholz. Die erste Astung erfolgt bis zu einer Höhe von etwa 3 m, die zweite bis etwa 4,5 m und die dritte bis zu etwa 6 m. Die beste Zeit für die Astung ist der Monat April bis zu Beginn des Laubausbruchs. Trockene Äste können unbedenklich entfernt werden. Für die Entfernung lebender Äste gelten etwa folgende Regeln (außer Birke):

Äste bis zu 3 cm Durchmesser werden mit der Stangensäge glatt am Stamm weggeschnitten. Die Wunde verheilt innerhalb eines Jahres.
Äste von 3 bis 10 cm Stärke werden erst gestummelt und dann glatt am Stamm weggeschnitten. Die Wunde muß mit Baumteer überstrichen werden.
Äste über 10 cm Stärke werden zunächst auf etwa 25 cm gestummelt. Erst bei der nächsten Astung wird der Stummel senkrecht zur Astachse abgeschnitten und die Wunde mit Baumteer bestrichen.

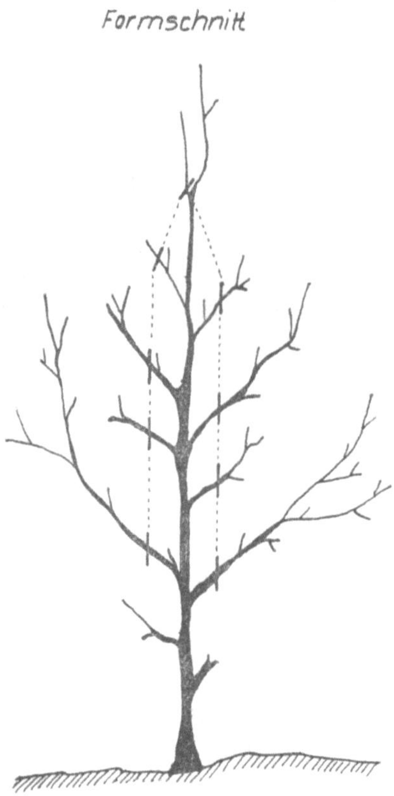

Abb. 1

Wasserreiser sind möglichst im Jahr der Entstehung zu entfernen (Eiche, Pappel). Die Birke ist sehr empfindlich gegen Astung, daher ist Vorsicht geboten. Lebende Birkenäste bis Bleistiftstärke werden glatt am Stamm weggeschnitten, Äste bis Daumenstärke auf etwa 20 cm gestummelt. Stärkere Äste bleiben unberührt. Nochmals sei betont, daß aus ökonomischen Gründen Astungen nur an der Hauptholzart erfolgen. Astungen an Nebenholzarten bedeuten unnützen Zeit- und Geldaufwand. Nebenholzarten, die die Hauptholzart stark in der Krone bedrängen, werden entweder geköpft oder herausgehauen. Die einzelnen Eingriffe dürfen jedoch immer nur schwach sein, damit der Schluß gewahrt und das Stützgefüge erhalten bleibt. Starke Eingriffe würden zu einem sperrigen

Wuchs und Verringerung des Höhenwachstums der Hauptholzart führen. Die geschilderten Pflege- und Erziehungsmaßnahmen bezwecken, eine genügende Anzahl gutgeformter gesunder Exemplare der Hauptholzart in gleichmäßiger Verteilung in den Endbestand zu bekommen und sie auf ihre spätere Funktion als Windbremse vorzubereiten sowie die Mischung zu erhalten. Ist bei der Anlage des Windschutzstreifens Pappel als Hauptholzart gewählt worden, so ist ein Teil von ihnen etwa im Alter von 20 Jahren, ein weiterer Teil mit etwa 30 Jahren und der Rest etwa im Alter von 40 Jahren zu nutzen. Auf die Ästung der Pappel wurde bereits unter 2.1. hingewiesen.

2.3. Pflege- und Erziehungsmaßnahmen in 31- bis 60jährigen Windschutzstreifen

Durch die Pflege- und Erziehungsmaßnahmen in der vorhergehenden Periode wurde erreicht, daß eine genügende Anzahl gut bekronter Exemplare der Hauptholzart in den Windschutzstreifen vorhanden ist und sich aus dem Kronendach heraushebt. In der jetzigen Entwicklungsphase gilt es, diese Bäume weiterhin zu begünstigen und auf ihre ungefähr gleichmäßige Verteilung hinzuarbeiten. Weitere Eingriffe – auch in die Hauptholzart – sind also erforderlich. Zur Förderung der besten Bäume, die später das Hauptstützgefüge bilden sollen, müssen deren Kronen umlichtet werden. Der Kronenraum darf sich auch im Interesse der Nebenholzarten und der Sträucher niemals völlig schließen, damit diese lebensfähig bleiben und gutwüchsige Exemplare sich immer wieder nachschieben können. Der Raum unter den Baumkronen der Hauptholzart muß möglichst vollständig von Sträuchern und Nebenholzarten erfüllt sein, um eine gute Windbremsung zu erreichen. Auch kann es notwendig sein, noch Nachastungen an breitkronigen Exemplaren der Hauptholzart vorzunehmen, zugunsten des Unterwuchses und der angrenzenden Felder.
In diese Periode fällt die Endnutzung der in den Windschutzstreifen stehenden Pappeln. Da es nur mit erheblichem Kostenaufwand möglich ist, in den inzwischen hoch und dicht gewordenen Windschutzstreifen Ersatzpflanzungen für die Pappeln hoch zu bekommen, müssen Baumarten, die geeignet erscheinen, die Funktion der Hauptholzart nach der Nutzung der Pappeln zu übernehmen, schon bei der Pflanzung des Windschutzstreifens eingebracht und bei den Pflegemaßnahmen entsprechend begünstigt werden.

2.4. Pflege- und Erziehungsmaßnahmen in über 60jährigen Windschutzstreifen

Die Windschutzstreifen haben in diesem Alter bereits einen hohen Grad ihrer Funktionsfähigkeit erreicht. Die Bäume der Hauptholzart haben einen Abstand von etwa 8 bis 12 m und sind gut bekront. Das Astwerk ist kräftig und vermag den Wind zu bremsen, ohne selbst Schaden zu nehmen. Der Raum unter den Kronen der Hauptholzart ist ausgefüllt mit Sträuchern, Nebenholzarten und Ausschlägen der entnommenen oder geköpften Bäumchen. Eine Erziehung der Hauptholzart ist kaum noch möglich und auch nicht nötig. Die Aufmerksamkeit muß jetzt mehr dem Unterholz gelten, um es lebensfähig und funktionstüchtig zu erhalten. Wenn einzelne Exemplare der Hauptholzart zu breitkronig werden und das Strauchwerk zu stark beschatten, müssen sie entnommen werden. Das kann um so eher geschehen, wenn wuchsfreudige Stockausschläge vorhanden sind, die sich in die entstandene Lücke einschieben können. Ein Nachpflanzen käme nur dann in Frage, wenn man auch die Sträucher auf den Stock setzt, sehr kräftiges Pflanzmaterial verwendet und die Stockausschläge der Sträucher solange zurückschneidet, bis die eingebrachten Pflanzen einen genügenden Höhenvorsprung haben. Im Normalfall ist dieses Verfahren jedoch zu arbeitsaufwendig, als daß es allgemein empfohlen werden könnte.

3. Pflegegeräte

Die Wahl zweckentsprechender Geräte ist mitbestimmend für eine hohe Arbeitsproduktivität und die Qualität der Arbeit. Je nach dem Alter der zu pflegenden Windschutzstreifen werden verschiedene Geräte gebraucht. In jungen Anpflanzungen sind es mehr Häpen und Scheren, in mittelalten und alten hauptsächlich leichte Äxte und Sägen. Der Einsatz von Maschinen kommt zunächst noch nicht in Frage. Die Pflegearbeiten sind noch hochqualifizierte Handarbeit. Die Kleingeräte wie Häpe, Kulturschere, Baumsäge und Abziehstein werden zweckmäßig in einer Segeltuch-Umhängetasche stets griffbereit und unfallsicher bei der Arbeit mitgeführt. In der Regel werden mehr als 3 Geräte je nach Alter des Windschutzstreifens nicht benötigt.

4. Arbeitsaufwand

Über die Höhe des erforderlichen Arbeitsaufwandes liegt noch nicht genügend Material vor, so daß verbindliche Richtzeiten z. Zt. nicht ermittelt werden können. Der Arbeitsaufwand ist abhängig von der Höhe des Windschutzstreifens und der Pflegeintensität. Durch sorgfältige Arbeitsvorbereitung, gute Anleitung der Arbeitskräfte, rechtzeitige Durchführung der Arbeiten und Verzicht auf die Einbringung zahlreicher Holzarten in wahlloser Buntmischung bei der Anlage kann der Arbeitsaufwand wesentlich gesenkt werden. Arbeitsaufwand und erzielter Nutzeffekt durch Verbesserung der Schutzwirkung der Windschutzstreifen — höhere landwirtschaftliche Erträge — und der Nutzholztüchtigkeit müssen in einem gesunden Verhältnis zueinander stehen. Als grober Anhalt kann dienen, daß der Pflegeaufwand je km 3reihiger Windschutzpflanzung bei

einer Höhe von 2—3 m etwa 10 bis 20 Arbeitsstunden
3—5 m etwa 20 bis 30 Arbeitsstunden

betragen kann. In höheren Windschutzstreifen wird der Arbeitsaufwand bereits zum Teil aus dem Holzanfall gedeckt.

Zusammenfassung

Für die Erziehung funktionstüchtiger Windschutzstreifen sind Pflegearbeiten von der Pflanzung bis mindestens zum Alter von 60 Jahren entscheidend. Sie müssen in erster Linie auf die Förderung der Hauptholzart und die Erhaltung einer standortsgemäßen Mischung ausgerichtet sein. Aus ökonomischen Gründen sind nur wenig arbeitsaufwendige Methoden anzuwenden und die Arbeiten auf das unumgänglich notwendige Maß zu beschränken. Die günstigste Schutzwirkung ist von hohen, schmalkronigen Bäumen zu erwarten, die von Sträuchern ausreichend unterstanden sind.

Summary

Title of the paper: Tending and training measures in shelter belts
Tending operations from planting up to the age of at least six years are decisive for training efficient shelter belts. These operations must be keyed above all to the support of the dominant tree species as well as to the conservation of a mixture suited to the site. For reasons of economy only such methods should be applied that require low labour input, and the operations should be restricted to the absolutely necessary ones. The best shelter effect is provided by tall, narrow-crowned trees sufficiently undercroppe d by shrubs.

Резюме

Название работы: Меры по уходу и выращиванию ветрозащитных полос
Для выращивания действенных ветрозащитных полос решающими являются работы по уходу, начиная с посадки до шестилетнего возраста, по крайней мере. Они должны обыть направлены прежде всего на поддержку развития основной породы и сохранение состава древостоя, характерного для данной местности. По экономическим причинам следует применять только малотрудоемкие методы и сокращать объем работ до обязательного минимума. Наилучшую защиту обеспечивают высокорослые деревья с узкими кронами и достаточным развитием нижнего яруса кустовой растительности.

Literatur

Borsdorf, W.: Zur Astung der Wirtschaftspappeln. Die Sozialistische Forstwirtschaft, H. 6 (1965), S. 180.

Kroll, M.: Zur Gehölzartenwahl bei Windschutzpflanzungen. Zeitschrift für Landeskultur, 6, H. 3 (1965), S. 219–229.

Pflug, W.: Landschaftspflege, Schutzpflanzungen, Flurholzanbau. Wirtschafts- und Forstverlag Euting KG, Neuwied/Rhein 2 (1959).

Wagenknecht, E.: Rationelle Dickungspflege. Neumann-Verlag, Radebeul u. Berlin 1962.

Anschrift des Verfassers:
Wiss. Mitarbeiter. M. Kroll
Institut für Landschaftspflege der Humboldt-Universität zu Berlin
1162 Berlin-Friedrichshagen
Josef-Nawrocki-Str. 7

Z. Landeskultur · Bd. 9 · 1968 · H. 3 · S. 209–226 · Berlin

Aus dem Institut für Grünland- und Moorforschung Paulinenaue
der Deutschen Akademie der Landwirtschaftswissenschaften zu Berlin

WOLFGANG KREIL; HERBERT KALTOFEN; CHRISTA GÜNTHER

Zusammenfassende Betrachtung 10jähriger Versuchsergebnisse über die Stickstoffdüngung einer Talsandweide

Eingegangen: 23. 3. 1968

Die N-Steigerungsversuche auf der Paulinenauer Talsandweide, über die bereits berichtet wurde (KREIL u. a., 1961, 1964), liefen programmgemäß weiter, so daß nunmehr 10jährige Ergebnisse vorliegen. Es wurden unverändert 0, 60, 120, 240, 480 und 720 kg N/ha gedüngt, und zwar in 3 gleich großen Teilgaben zur ersten, zur zweiten und zur dritten Nutzung. Bis zum Jahre 1963 erhielten alle Parzellen die gleiche Grunddüngung in Höhe von 31 kg P/ha und 66 kg K/ha. Beginnend im Jahre 1964 wurden jedoch 2 der 3 Versuche geteilt; neben weiterhin gleich hoher PK-Düngung zu allen Varianten wurde zusätzlich eine nach der Höhe der N-Gabe differenzierte PK-Düngung eingeführt und im Vergleich zur konstanten PK-Düngung geprüft. Von 1964 bis 1967 wurden die Versuche nur gemäht, nicht beweidet.

1. Übersicht über die Witterung in den Versuchsjahren

In 4 der 10 Jahre, 1964, 1959, 1960 und 1963, fielen von April bis September mit 231, 271, 273 und 288 mm weit unternormale Niederschläge. In den Jahren 1959 und 1964 lagen die Durchschnittstemperaturen von April bis September mit 14,9° und 14,8° über der Norm von 14,6 °C, 1963 mit 14,4 °C etwas darunter. In der Vegetationsperiode 1960 betrug die Temperatur nur 13,7 °C, d. h. sie lag deutlich unter der Norm.

In weiteren 4 Vegetationsperioden, 1965, 1966, 1961 und 1958, fielen mit 381, 361, 355 und 331 mm übernormale Niederschläge. Die Temperaturen lagen 1958 mit 14,9 °C über der Norm, 1961 und 1966 mit jeweils 14,4° und 1965 mit nur 13,2 °C darunter.

In den Jahren 1967 und 1962 entsprachen die Niederschläge in der Vegetationsperiode mit 310 und 308 mm annähernd der Norm von 314 mm. In der Vegetationsperiode 1967 war die Temperatur mit 14,5 °C fast normal, während die Vegetationsperiode 1962 mit nur 12,7 °C die kälteste des Versuchszeitraumes war.

Im Durchschnitt der 10 Jahre entsprach die Niederschlagsmenge von April bis September mit 311 mm etwa der Norm von 314 mm, die Temperatur lag jedoch mit 14,2 °C niedriger als das langjährige Mittel von 14,6 °C. Es gab 4 trockene und sehr trockene Vegetationsperioden, von denen in einer sehr niedrige Temperaturen herrschten. Andererseits waren 4 Vegetationsperioden naß oder feucht; auch in einer dieser Vegetationsperioden lagen die Temperaturen weit unter der Norm. Eine Vegetationsperiode mit etwa normalen Niederschlägen war sehr kühl. In den Trockenjahren 1959, 1963 und 1964 konnten die Versuchsflächen nur 3mal genutzt werden; in den Jahren 1958 und 1961 hingegen waren 6 Nutzungen möglich. Im Mittel der 10 Jahre wurde 4,5mal genutzt. Man wird annehmen können, daß die in den Jahren 1958 bis 1967 erhaltenen Ergebnisse das Leistungsvermögen des Standortes unter den gewählten Versuchsbedingungen gut zum Ausdruck bringen. Wie an anderer Stelle näher erläutert (KREIL u. a., 1961), ist der Versuchsstandort ein kaum grundwasserbeeinflußter, schwach humoser Talsand.

2. Jahreserträge bei konstanter PK-Düngung

Die niedrigsten Erträge wurden in den Jahren 1959 und 1964 erzielt (Tab. 1), die durch Trockenheit und relativ hohe Temperaturen während der Vegetationszeit gekennzeichnet waren. Am höchsten lagen die Erträge in den feuchten Jahren 1958 und 1961. Auch in dem ausgesprochen kühlen und normal feuchten Jahr 1962 erreichten die Erträge eine beachtliche Höhe. Die Erträge des feuchten Jahres 1965 hingegen waren ziemlich gering; vielleicht haben hier die beiden trockenen Jahre 1963 und 1964 nachgewirkt.
Im Durchschnitt der Jahre stiegen die Erträge bis zur N-Gabe von 480 kg/ha an, während die Erhöhung der N-Zufuhr auf 720 kg/ha einen leichten Ertragsrückgang bewirkte (Tab. 1). In den Jahren 1958, 1961, 1962 und 1964 brachten die beiden höchsten N-Stufen etwa gleich große Erträge, im Jahre 1967 war die Variante mit 720 kg N/ha leicht überlegen. Auch in den 3 Einzelversuchen wurden meist nach 480 kg N/ha die höchsten Erträge erzielt. Nur in 2 der 30 Fälle wurde der höchste Ertrag bereits mit 240 kg N/ha erreicht, in 7 weiteren Fällen erst mit 720 kg N/ha. Die Ertragsdifferenzen zur Variante mit 480 kg N/ha waren jedoch in allen diesen Fällen nicht groß, d. h. sie lagen innerhalb der Fehlergrenzen.
Zwischen den 3 Einzelversuchen gab es nur geringe Unterschiede im Jahresertrag. Versuch 1 wurde in allen Jahren zuerst genutzt, Versuch 2 jeweils eine Woche später und Versuch 3 nochmals eine Woche später (KREIL u. a. 1961, 1964). Bis zur Ernte des letzten Aufwuchses innerhalb eines jeden Jahres war die Wachstumsperiode für Versuch 2 demnach um eine, für Versuch 3 um zwei Wochen länger als diejenige des Versuches 1. Wegen des geringen Wachstums im Herbst konnte die längere Wachstumsperiode der Versuche 2 und 3 jedoch keinen großen Einfluß auf den Jahresertrag ausüben.
In Versuchen auf Niedermoor dagegen führte späte erste Nutzung, die allerdings noch vor der Blüte vorgenommen wurde, zu den höchsten Jahreserträgen (KREIL u. KALTOFEN, 1966, 1967). Ursache hierfür dürfte die weitaus bessere

Tabelle 1
Jahreserträge, Erzeugungswerte und Variationskoeffizienten der Jahreserträge bei konstanter PK-Düngung im Mittel der 3 Versuche

Jahr	kg N/ha						Mittel
	0	60	120	240	480	720	
Jahreserträge an Trockenmasse in dt/ha							
1958	75,2	90,9	99,2	112,1	120,0	119,9	102,9
1959	35,4	45,1	51,4	60,8	63,5	61,9	53,0
1960	46,7	60,9	71,7	87,2	89,1	87,0	73,8
1961	63,3	85,4	97,3	121,5	135,3	134,5	106,2
1962	52,6	67,3	82,1	104,2	116,6	117,4	90,1
1963	38,2	47,4	59,6	73,0	76,8	70,1	60,8
1964	24,5	35,1	41,8	52,7	53,3	52,9	43,4
1965	28,7	41,6	56,3	65,3	78,4	71,4	57,0
1966	33,6	49,3	66,2	82,8	94,5	91,4	69,6
1967	30,5	44,0	58,1	79,1	93,3	95,2	66,7
Mittel 1958 bis 1967	42,9	56,7	68,4	83,9	92,1	90,2	72,4
Erzeugungswert der gesamten N-Gabe in kg Trockenmasse je kg N							
Mittel 1958 bis 1967	–	23,0	21,2	17,1	10,2	6,5	–
Erzeugungswert der jeweiligen Stickstoffzulage in kg Trockenmasse je kg N							
Mittel 1958 bis 1967	–	23,0	19,5	12,9	3,4	–0,8	–
Variationskoeffizient der Jahreserträge in %							
1958 bis 1967	38,3	33,5	28,1	27,0	28,0	30,0	–

Wasserversorgung der Pflanzen auf Niedermoor sein, die den Nachwuchs auch nach relativ später Nutzung des massigen, wasserzehrenden ersten Aufwuchses sicherte. Auf dem vorliegenden Sandstandort hingegen kam das Wachstum nach später erster Nutzung oft nur zögernd wieder in Gang.

Durch 480 kg N/ha wurde der Jahresertrag im Durchschnitt zwar mehr als verdoppelt, doch kann man aus der erreichten Ertragshöhe deutlich die begrenzte Leistungsfähigkeit dieses kaum grundwasserbeeinflußten Sandstandortes ersehen. Auf Niedermoor wurden in vergleichbaren Versuchen wesentlich höhere Erträge erzielt (Kreil u. Kaltofen, 1967).

Die Erzeugungswerte lagen bis zur N-Stufe von 240 kg/ha beachtlich hoch; bei Einsatz noch höherer Mengen fielen sie – dem Ertragsverlauf entsprechend – dann aber stark ab (Tab. 1).

Der Variationskoeffizient der Jahreserträge lag bei 240 kg N/ha am niedrigsten (Tab. 1). Die Ertragssicherheit war bei mittelstarker N-Düngung also am größten. Auffällig sind die hohen Variationskoeffizienten bei 0 und 60 kg N/ha. Nach den ersten 6 Versuchsjahren lagen hier die Werte nicht höher als bei 720 kg

Tabelle 2
Relative Erträge bei konstanter PK-Düngung im Mittel der 3 Versuche

Jahr	kg N/ha					
	0	60	120	240	480	720
1958	100	121	132	149	159	159
1959	100	127	145	172	179	175
1960	100	130	153	187	191	186
1961	100	135	154	192	214	212
1962	100	128	156	198	222	223
1963	100	124	156	191	201	184
1964	100	143	171	215	218	216
1965	100	145	196	228	273	249
1966	100	147	197	246	281	272
1967	100	144	191	260	306	313
Mittel 1958 bis 1967	100	132	159	196	215	210

N/ha (KREIL u. a., 1964). Da aber später der Ertrag auf den nicht oder nur schwach mit Stickstoff gedüngten Parzellen merklich zurückging, wurden die Abweichungen vom Mittelwert größer.

Infolge des Ertragsrückganges auf den nicht mit Stickstoff gedüngten Parzellen nahmen die Relativwerte der anderen Varianten mit Fortschreiten der Zeit im allgemeinen zu (Tab. 2).

Besonders gilt das für die hohen N-Gaben. Während der Ertrag im ersten Versuchsjahr durch 480 bzw. 720 kg N/ha auf das 1,59fache gesteigert wurde,

Tabelle 3
Erträge und Erzeugungswerte einzelner Zeitabschnitte der Versuchsperiode bei konstanter PK-Düngung im Mittel der 3 Versuche

	kg N/ha						Mittel
	0	60	120	240	480	720	
Jahreserträge an Trockenmasse in dt/ha							
Mittel 1958 bis 1960	52,4	65,6	74,1	86,7	90,9	89,6	76,6
Mittel 1961 bis 1963	51,4	66,7	79,7	99,6	109,6	107,3	85,7
Mittel 1964 bis 1967	29,3	42,5	55,6	70,0	79,9	77,7	59,2
Erzeugungswert der gesamten N-Gabe in kg Trockenmasse je kg N							
Mittel 1958 bis 1960	–	22,0	18,0	14,2	8,0	5,1	–
Mittel 1961 bis 1963	–	25,5	23,6	20,1	12,1	7,7	–
Mittel 1964 bis 1967	–	22,0	21,9	17,0	10,6	6,7	–
Erzeugungswert der jeweiligen Stickstoffzulage in kg Trockenmasse je kg N							
Mittel 1958 bis 1960	–	22,0	14,2	10,5	1,7	–0,5	–
Mittel 1961 bis 1963	–	25,5	21,7	16,6	4,2	–1,5	–
Mittel 1964 bis 1967	–	22,0	21,8	12,0	4,1	–0,9	–

erhöhte er sich durch diese N-Mengen im Jahre 1967 auf mehr als das 3fache. Insgesamt gesehen kann man von einer fortschreitenden Verbesserung der relativen Wirkung des Stickstoffs im Laufe der Versuchsjahre sprechen.
Die absolute Wirkung des Stickstoffs war jedoch im Zeitraum 1964 bis 1967 meist etwas geringer als in den Jahren 1961 bis 1963, wie die Erzeugungswerte in Tab. 3 zeigen. Dies ist darauf zurückzuführen, daß auch die mit Stickstoffdüngung erzielten Erträge in den Jahren 1964 bis 1967 wesentlich niedriger lagen als in den Jahren zuvor (Tab. 1 u. 3).

3. Einfluß unterschiedlicher PK-Düngung

Als Ursache für die deutlich niedrigeren Erträge in den Jahren 1964 bis 1967 ist auch zunehmender Mangel an P und K in Betracht zu ziehen. Da niemals Exkremente von Weidetieren auf die Versuchsflächen gelangten (Kreil u. a. 1961, 1964), lagen die Nährstoffentzüge recht hoch. In Tab. 4 ist der durchschnittliche jährliche Entzug an P und K während der ersten 6 Versuchsjahre angeführt.

Tabelle 4
Jährlicher Entzug an P und K bei konstanter PK-Düngung
im Mittel der 3 Versuche und der Jahre 1958 bis 1963
(Diese Entzüge entsprechen der differenzierten PK-Düngung
in den Jahren 1964 bis 1967)

	kg N/ha					
	0	60	120	240	480	720
Jährl. P-Entzug in kg/ha	24	28	33	37	39	39
Jährl. K-Entzug in kg/ha	166	208	232	266	266	253

Vor allem der K-Entzug war durchweg viel größer als die jährliche Zufuhr von 66 kg K/ha. Bei den hohen N-Gaben überschritt auch der P-Entzug die jährliche Zufuhr von 31 kg P/ha.
Wie bereits eingangs erwähnt, wurde ab 1964 eine differenzierte PK-Düngung eingeführt. Dabei wurden die P- und K-Gaben für die einzelnen N-Stufen nach dem durchschnittlichen Entzug der ersten 6 Versuchsjahre (Tab. 4) bemessen. Die differenzierte PK-Düngung wurde in den Versuchen 2 und 3 neben der konstanten Grunddüngung in Höhe von 31 kg P/ha und 66 kg K/ha geprüft. Hierzu wurden die Versuche 2 und 3 in der Weise modifiziert, daß jeweils 2 der 4 Wiederholungen die konstante und die anderen 2 Wiederholungen die differenzierte PK-Düngnng erhielten. Versuch 1 dagegen lief von 1964 bis 1967 unverändert mit konstanter PK-Düngung weiter.
Bereits 1964, im ersten Jahr mit unterschiedlicher PK-Düngung, lagen die K-Gehalte des Futters bei differenzierter PK-Düngung merklich höher als bei konstanter PK-Düngung (Tab. 8). Dennoch bewirkte die differenzierte PK-Düngung 1964 noch keinen Mehrertrag (Tab. 5). Mithin ist anzunehmen, daß die Erträge bei konstanter PK-Düngung auch in den vorhergehenden Jahren

noch nicht durch Mangel an diesen beiden Nährstoffen beeinträchtigt wurden. Zu Beginn der Versuche war der Boden der Versuchsflächen gut mit P und K versorgt, wie die Nährstoffgehalte des Futters in den ersten Versuchsjahren zeigten (KREIL u. a., 1961). Dieser Nährstoffvorrat des Bodens zuzüglich der jährlichen Zufuhr von 31 kg P/ha und 66 kg K/ha hat auch bei hohen N-Gaben 7 Jahre lang für eine volle Ertragsbildung ausgereicht, obwohl keine tierischen Exkremente auf die Versuchsflächen gelangten.

1965 rief die differenzierte PK-Düngung bei der höchsten N-Gabe von 720 kg/ha einen deutlichen Mehrertrag hervor, und in den folgenden Jahren war dies auch bei den anderen hohen N-Stufen der Fall (Tab. 5). Dies beruht sicherlich zum Teil darauf, daß die P- und vor allem die K-Entzüge bei den hohen N-Stufen am größten waren (Tab. 4). Hier mußte es also bei konstanter PK-Düngung zuerst zu Nährstoffverknappungen kommen. Abgesehen davon ist aber auch zu beachten, daß — wenn Ertragsdepressionen vermieden werden sollen — das Angebot an P und K um so größer sein muß, je mehr Stickstoff verabreicht wird. Ein diesbezüglicher Vorschlag wurde bereits unterbreitet (KALTOFEN, 1967).

Im Durchschnitt der Jahre 1964 bis 1967 stieg der Ertrag bei differenzierter PK-Düngung bis zur höchsten N-Stufe an (Tab. 5).

Tabelle 5
Mehrerträge durch differenzierte PK-Düngung sowie Jahreserträge und Erzeugungswerte bei konstanter und differenzierter PK-Düngung im Mittel der Versuche 2 und 3

Jahr	kg N/ha					
	0	60	120	240	480	720
Mehrertrag durch differenzierte PK-Düngung im Vergleich zur konstanten PK-Düngung in dt Trm./ha						
1964	+ 2,2	− 2,6	− 0,7	− 2,7	+ 2,8	+ 2,4
1965	+ 2,6	+ 0,2	− 0,5	+ 4,0	− 4,2	+16,8
1966	+ 0,2	− 1,8	+ 2,5	+ 6,3	+15,0	+20,7
1967	+ 2,1	+ 0,4	+ 0,6	+ 7,5	+15,0	+13,9
Mittel 1964 bis 1967	+ 1,8	− 1,0	+ 0,5	+ 3,8	+ 7,2	+13,4
Jahresertrag an Trockenmasse bei konstanter PK-Düngung in dt/ha						
Mittel 1964 bis 1967	28,7	42,6	54,9	68,3	77,3	74,2
Jahresertrag an Trockenmasse bei differenzierter PK-Düngung in dt/ha						
Mittel 1964 bis 1967	30,5	41,6	55,4	72,1	84,5	87,6
Erzeugungswert der jeweiligen Stickstoffzulage bei konstanter PK-Düngung in kg Trockenmasse je kg N						
Mittel 1964 bis 1967	—	23,2	20,5	11,2	3,7	−1,3
Erzeugungswert der jeweiligen Stickstoffzulage bei differenzierter PK-Düngung in kg Trockenmasse je kg N						
Mittel 1964 bis 1967	—	18,7	22,8	13,9	5,1	1,3

Bei konstanter PK-Düngung war das nicht der Fall; hier lag der Ertrag nach 720 kg N/ha etwas niedriger als nach 480 kg N/ha. Die Erzeugungswerte des Stickstoffs wurden durch die differenzierte PK-Düngung im Bereich höherer N-Gaben positiv beeinflußt (Tab. 5).
Die Mittelerträge der Jahre 1964 bis 1967 für konstante PK-Düngung weisen in Tab. 5 etwas andere Werte auf als in Tab. 3, da es sich in Tab. 5 nicht um die Mittelwerte aller 3 Versuche, sondern nur um die Mittelwerte der Versuche 2 und 3 handelt. Obwohl die unterschiedliche PK-Düngung bei den hohen N-Gaben in den letzten Jahren deutliche Wirkungen auf den Ertrag ausgeübt hat, wurden

Tabelle 6
Prozentische P-Gehalte der Erntetrockenmasse bei konstanter und differenzierter PK-Düngung im Mittel der Versuche 2 und 3

Jahr PK-Düngung	kg N/ha						Mittel
	0	60	120	240	480	720	
1964							
konstant	0,40	0,37	0,37	0,34	0,37	0,38	0,37
differenziert	0,38	0,39	0,37	0,33	0,35	0,37	0,37
1965							
konstant	0,43	0,41	0,40	0,41	0,43	0,45	0,42
differenziert	0,43	0,43	0,41	0,40	0,42	0,45	0,42
1966							
konstant	0,47	0,44	0,41	0,39	0,40	0,43	0,42
differenziert	0,45	0,45	0,44	0,39	0,40	0,41	0,43
1967							
konstant	0,46	0,43	0,43	0,40	0,39	0,41	0,42
differenziert	0,45	0,45	0,44	0,41	0,39	0,40	0,42
Mittel 1964 bis 1967							
konstant	0,44	0,41	0,40	0,38	0,40	0,42	0,41
differenziert	0,43	0,43	0,42	0,38	0,38	0,41	0,41

die 10jährigen Mittelerträge für konstante PK-Düngung (Tab. 1) noch nicht stark durch Nährstoffmangel beeinflußt.
Die Ertragsunterschiede zwischen differenzierter und konstanter PK-Düngung sind hauptsächlich auf K-Mangel, weniger auf P-Mangel zurückzuführen. Im Herbst 1966, nach 9 Versuchsjahren, wurde der Boden aller Varianten auf seinen Gehalt an pflanzenaufnehmbarem P und K untersucht, und zwar in der Schicht von 0···10 cm und in der Schicht von 10···20 cm. Sowohl bei differenzierter als auch bei konstanter PK-Düngung lag der Gehalt an laktatlöslichem P_2O_5 in beiden Bodenschichten weit über 16 mg je 100 g Boden; in der Schicht von 0···10 cm lagen die meisten Werte sogar über 30 mg. Auf Grund dieser hohen P-Gehalte des Bodens traten keine großen Unterschiede im P-Gehalt des Futters auf (Tab. 6). Offenbar verfügten die Pflanzen aller N-Stufen auch bei konstanter PK-Düngung über völlig ausreichende P-Mengen. Die in den ersten 6 Versuchs-

Tabelle 7
K_2O-Gehalt des Bodens in mg je 100 g Boden
bei konstanter und differenzierter PK-Düngung
(Probenahme im Herbst 1966)

PK-Düngung		kg N/ha					
		0	60	120	240	480	720
Bodenschicht 0···10 cm							
konstant	Versuch 2	6	4	<2	<2	<2	<1
	Versuch 3	7	3	3	2	<2	<1
differenziert	Versuch 2	13	12	9	6	4	2
	Versuch 3	14	13	7	6	5	3
Bodenschicht 10···20 cm							
konstant	Versuch 2	5	3	<2	<1	<2	<1
	Versuch 3	3	3	2	2	<3	<2
differenziert	Versuch 2	12	10	10	5	3	2
	Versuch 3	13	6	7	5	5	2

jahren gefundene Tendenz einer gewissen Abnahme des P-Gehaltes der Pflanzen mit steigender N-Gabe (KREIL u. a., 1964) war in den letzten 4 Versuchsjahren nicht mehr zu beobachten.

Der Mangel an Kalium prägte sich um so stärker aus, je höher die N-Gabe war bzw. je höher die Erträge und die damit verbundenen K-Entzüge lagen (Tab. 4 u. 14). Die Ergebnisse der Bodenuntersuchung im Herbst 1966 lassen erkennen, daß die differenzierte PK-Düngung nach 3jähriger Anwendung zu einer beträchtlichen Erhöhung des Kaligehaltes im Boden geführt hat (Tab. 7). Allerdings fiel der Kaligehalt des Bodens auch bei differenzierter PK-Düngung mit steigender N-Gabe stark ab, so daß der Boden bei N-Gaben von 240 kg/ha und mehr 1966 noch als schlecht mit Kali versorgt anzusprechen ist. Ungeachtet dessen wurden durch differenzierte PK-Düngung bereits 1964 in allen N-Stufen normale K-Gehalte in den Pflanzen erreicht (Tab. 8). In den folgenden Jahren lagen die K-Gehalte des Futters bei differenzierter PK-Düngung sogar noch etwas höher. Alle diese Ergebnisse zeigen, daß man auch bei niedrigem Kaligehalt des Bodens und sehr hohen N-Gaben durch entsprechende K-Zufuhr eine völlig ausreichende Versorgung der Pflanzen mit Kalium gewährleisten kann. Analoges gilt für Magnesium und Kupfer (KNABE u. a., 1964; KNABE, 1967).

4. Erträge der einzelnen Nutzungen bei konstanter PK-Düngung

Wie schon eingangs erwähnt, wurden die jährlichen Gesamtgaben an Stickstoff in 3 gleich großen Teilgaben zur ersten, zur zweiten und zur dritten Nutzung verabreicht, und die Nutzung der 3 Versuche wurde im Abstand von je einer Woche vorgenommen. Im Durchschnitt der 10 Versuchsjahre erfolgte die erste Nutzung auf Versuch 1 am 5. Mai, auf Versuch 2 am 12. Mai und auf Versuch 3 am 19. Mai. Die Ernte des zweiten Aufwuchses wurde nach einer durchschnittlichen Nachwuchszeit von je 34 Tagen wiederum zuerst auf Versuch 1, eine Woche später auf Versuch 2 und nochmals eine Woche später auf Versuch 3 durchgeführt. Der zeitliche Abstand zwischen der ersten und der zweiten Nutzung differierte von Jahr zu Jahr nur wenig. Dagegen wies der Zeitabstand zwischen der zweiten und der dritten Nutzung sehr große Unterschiede auf. In Trockenjahren konnte die dritte Nutzung erst im September erfolgen, in günstigen Jahren dagegen schon einen Monat nach der zweiten Nutzung.

Laut Tab. 9 stiegen die Erträge des ersten Aufwuchses bis zur höchsten N-Gabe an, und zwar in Versuch 2 stärker als in Versuch 1 und in Versuch 3 stärker als in Versuch 2. Mit anderen Worten, der Ertragsanstieg war um so stärker ausgeprägt, je später die erste Nutzung erfolgte. Dieses Ergebnis steht qualitativ im Einklang mit dem an anderer Stelle formulierten Prinzip des divergierenden Wachstums (KALTOFEN, 1967; KALTOFEN u. HEY, 1968).

Unmittelbar nach der ersten Nutzung wurde die zweite N-Teilgabe ausgebracht. Zur zweiten Nutzung bewirkten die höchsten N-Gaben im Durchschnitt der 10 Versuchsjahre keinen Ertragsanstieg mehr, sondern eine gewisse Ertragsdepression (Tab. 9). Diese schädigende Wirkung des Stickstoffs trat im Versuch 3 am deutlichsten in Erscheinung, d. h. um so deutlicher, je später die erste Nutzung erfolgte. Eigentlich hätte man das Gegenteil erwarten können. Denn je früher die erste Nutzung vorgenommen wird, desto mehr Stickstoff aus der ersten N-Teilgabe bleibt für den zweiten Aufwuchs übrig, desto stärker müßte also die schädigende Wirkung hoher N-Gaben zum zweiten Aufwuchs sein. Das war aber offensichtlich nicht der Fall. Als Ursache für dieses paradox anmutende Resul-

Tabelle 8
Prozentische K-Gehalte der Erntetrockenmasse bei konstanter und differenzierter PK-Düngung im Mittel der Versuche 2 und 3

Jahr PK-Düngung	kg N/ha						Mittel
	0	60	120	240	480	720	
1964							
konstant	2,32	2,35	2,09	1,83	1,61	1,84	2,01
differenziert	2,36	2,56	2,67	2,54	2,51	2,51	2,52
1965							
konstant	2,36	2,21	2,02	1,85	1,69	1,75	1,98
differenziert	2,46	2,65	2,70	2,67	2,67	2,71	2,65
1966							
konstant	2,49	2,22	1,86	1,65	1,41	1,33	1,83
differenziert	2,66	2,69	3,04	2,81	2,91	2,65	2,80
1967							
konstant	2,33	2,12	1,93	1,62	1,37	1,33	1,78
differenziert	2,39	2,61	2,88	2,84	2,78	2,67	2,70
Mittel 1964 bis 1967							
konstant	2,40	2,22	1,98	1,74	1,52	1,56	1,90
differenziert	2,47	2,62	2,82	2,72	2,72	2,64	2,66

Tabelle 9
Erträge der ersten 3 Nutzungen bei konstanter PK-Düngung im Mittel der 3 Versuche und der Jahre 1958 bis 1967

	kg N/ha						Mittel
	0	60	120	240	480	720	
Trockenmasseertrag der 1. Nutzung in dt/ha							
Versuch 1	7,3	10,6	14,4	18,8	22,8	23,2	16,2
Versuch 2	12,0	17,2	20,8	28,4	30,7	32,2	23,5
Versuch 3	17,6	23,3	28,6	34,4	40,2	43,0	31,2
Mittel der Vers. 1 bis 3	12,3	17,0	21,3	27,2	31,2	32,8	–
Trockenmasseertrag der 2. Nutzung in dt/ha							
Versuch 1	12,4	17,7	21,9	28,0	30,7	30,5	23,5
Versuch 2	7,1	11,8	14,0	16,8	17,2	16,5	13,9
Versuch 3	7,8	10,0	12,0	14,5	13,9	12,2	11,7
Mittel der Vers. 1 bis 3	9,1	13,2	16,0	19,8	20,6	19,7	–
Trockenmasseertrag der 3. Nutzung in dt/ha							
Versuch 1	9,5	13,0	15,9	19,1	17,7	16,8	15,3
Versuch 2	9,4	14,4	17,6	21,5	21,4	17,5	17,0
Versuch 3	10,8	14,8	18,0	19,9	20,2	16,6	16,7
Mittel der Vers. 1 bis 3	9,9	14,1	17,2	20,2	19,8	17,0	–

tat wurde in Betracht gezogen, daß bei früher erster Nutzung zahlreiche Bodenblätter nicht mit erfaßt werden, wogegen nach später erster Nutzung kaum noch Bodenblätter vorhanden sind (KREIL u. a., 1964). Inzwischen konnte BÜHRING (1967) in Modellversuchen nachweisen, daß hohes N-Angebot nach einem Schnitt das Nachwachsen der Gräser tatsächlich weit weniger hemmt, wenn die assimilationsfähigen Blätter beim Schnitt nicht restlos entfernt werden.
Die dritte N-Teilgabe wurde unmittelbar nach dem zweiten Schnitt verabreicht. Im Gefolge dieser Teilgabe kam es bei der dritten Nutzung wiederum zu gewissen Ertragsdepressionen im Bereich der höchsten N-Stufen (Tab. 9). Eindeutige Unterschiede zwischen den 3 Versuchen traten hierbei jedoch nicht auf.
Es sei noch hinzugefügt, daß die Zufuhr hoher N-Mengen nach der ersten bzw. zweiten Nutzung nicht in jedem Jahr schädigend wirkte. In manchen Jahren gab es sehr starke Schädigungen, in anderen überhaupt keine. Von Bedeutung war in diesem Zusammenhang unter anderem die Witterung. Bei Trockenheit waren oft starke Schädigungen zu beobachten.

Nach der dritten Nutzung wurde kein Stickstoff mehr verabreicht. Wie die Werte in Tab. 10 zeigen, war die Nachwirkung der Stickstoffdüngung zur vierten, fünften und sechsten Nutzung im allgemeinen um so größer, je höher die

N-Gaben waren. Doch wirkten selbst 60 kg N/ha zur vierten und fünften Nutzung ein wenig nach; leichte Mindererträge dieser Variante waren im Mittel nur bei der sechsten Nutzung festzustellen. 6 Nutzungen gab es jedoch nur in den beiden niederschlagsreichen Jahren 1958 und 1961. Größere Ertragsdepressionen im Bereich der hohen N-Stufen traten zur vierten, fünften und sechsten Nutzung im Durchschnitt der Jahre nicht auf; lediglich im Versuch 3 deutete sich eine anhaltend negative Nachwirkung der höchsten N-Gabe von 720 kg/ha an.

Insgesamt gesehen beruht der höhere Jahresertrag der Varianten mit 480 und 720 kg N/ha gegenüber der Variante mit 240 kg N/ha auf höheren Erträgen im ersten Aufwuchs und auf einer stärkeren Nachwirkung zum vierten, fünften und sechsten Aufwuchs. Mit negativen Auswirkungen sehr hoher N-Gaben ist insbesondere dann zu rechnen, wenn diese sofort nach der Aberntung hoher Erträge auf Narben gestreut werden, die keine nennenswerte Assimilationsfläche mehr besitzen. Möglicherweise können diese negativen Wirkungen aber dadurch gemildert oder ganz vermieden werden, daß der N-Dünger erst einige Tage nach der Nutzung ausgebracht wird, wenn sich der Blattapparat bereits wieder etwas regeneriert hat. Sowohl Gefäßversuche mit umhüllten N-Düngemitteln (KALT-

Tabelle 10
Erträge der vierten bis sechsten Nutzung bei konstanter PK-Düngung in den Jahren 1958 bis 1967 im Mittel der 3 Versuche

	kg N/ha						Mittel
	0	60	120	240	480	720	
Trockenmasseertrag der 4. Nutzung in dt/ha (Mittel von 7 Jahren)							
Versuch 1	9,9	10,5	12,5	15,4	15,5	16,0	13,3
Versuch 2	8,5	9,5	10,6	14,4	16,0	16,0	12,5
Versuch 3	7,7	8,8	9,6	10,8	13,5	12,7	10,5
Mittel der Vers. 1 bis 3	8,7	9,6	10,9	13,5	15,0	14,9	–
Trockenmasseertrag der 5. Nutzung in dt/ha (Mittel von 6 Jahren)							
Versuch 1	8,7	9,2	9,8	11,0	14,5	14,8	11,3
Versuch 2	6,0	7,2	7,6	10,0	13,2	14,1	9,7
Versuch 3	6,2	6,3	7,2	8,3	12,3	11,9	8,7
Mittel der Vers. 1 bis 3	7,0	7,6	8,2	9,8	13,3	13,6	–
Trockenmasseertrag der 6. Nutzung in dt/ha (Mittel von 2 Jahren)							
Versuch 1	9,1	8,0	9,3	10,2	13,4	13,4	10,6
Versuch 2	6,6	6,4	5,6	6,6	9,4	12,1	7,8
Versuch 3	3,8	3,3	4,2	3,9	5,9	5,5	4,4
Mittel der Vers. 1 bis 3	6,5	5,9	6,4	6,9	9,6	10,3	–

OFEN, 1967) als auch Freilandversuche mit unterschiedlichem Zeitpunkt der N-Düngung nach der Nutzung (KREIL u. a., 1966) lassen dies vermuten.
Schon früher wurde die Schlußfolgerung gezogen, daß auf dem vorliegenden Versuchsstandort jährliche N-Gaben von 200···300 kg/ha als optimal anzusehen sind (KREIL u. a., 1961, 1964). Diese Schlußfolgerung kann nunmehr, nach 10jähriger Laufzeit der Versuche, nur noch bekräftigt werden. Auch ökonomische Berechnungen stützen dieses Ergebnis (BERG u. THIMM, 1966). Die Ausbringung jährlicher N-Gaben von 200···300 kg/ha in 3 etwa gleich großen Teilgaben bringt pflanzenbaulich keine Nachteile mit sich. Jedoch kann die erste N-Teilgabe bei Vegetationsbeginn im Frühjahr mit Vorteil erhöht werden, wenn es darum geht, den Nutzungsbeginn vorzuverlegen oder bei späterer erster Nutzung höhere Erträge zu erzielen.

Tabelle 11
N-Entzüge und N-Ausnutzung bei konstanter PK-Düngung
im Mittel der 3 Versuche und der Jahre 1958 bis 1967

	kg N/ha					
	0	60	120	240	480	720
N-Entzug in kg/ha	108,6	145,6	186,7	269,0	346,8	360,1
Mehrentzug gegenüber der Variante ohne Stickstoff in kg/ha	–	37,0	78,1	160,4	238,2	251,5
Ausnutzung des gedüngten Stickstoffs in %	–	61,4	65,0	66,8	49,6	34,5

5. Ausnutzung des gedüngten Stickstoffs bei konstanter PK-Düngung

Durch Multiplikation des Ertrages mit dem prozentischen N-Gehalt ergibt sich der N-Entzug. Laut Tab. 11 stieg der N-Entzug bis zur N-Gabe von 240 kg/ha annähernd geradlinig an. Dies ist eine Folge der Tatsache, daß der Ertragszuwachs mit steigender N-Düngung abnahm (Tab. 1), der prozentuale N-Gehalt im Futter aber bis zur N-Stufe von 240 kg/ha progressiv anstieg (Tab. 14). Die höchsten N-Gaben von 480 bzw. 720 kg/ha bewirkten gegenüber der Variante mit 240 kg N/ha jedoch nur noch geringe Mehrerträge (Tab. 1), und der Anstieg des prozentischen N-Gehaltes im Futter war bei den höchsten N-Stufen ebenfalls schwächer ausgeprägt (Tab. 14). Demzufolge nahm auch der N-Entzug bei den höchsten N-Stufen nicht mehr so stark zu.
Setzt man die Mehrentzüge an Stickstoff gegenüber der nicht mit Stickstoff gedüngten Variante (Tab. 11) ins Verhältnis zur jeweiligen N-Gabe, so erhält man die Ausnutzung des Düngerstickstoffs (Tab. 11). Sie stieg bis zur N-Gabe von 240 kg/ha leicht an und fiel dann ziemlich stark ab. Die Werte im Bereich bis 240 kg/ha entsprechen den Werten, die nach WOLDENDORP u. a. (1965) für die europäischen Länder im gemäßigten humiden Klima generell zu erwarten sind.

Alle hier mitgeteilten Ergebnisse über den N-Entzug und die N-Ausnutzung beziehen sich auf die konstante PK-Düngung. Die differenzierte PK-Düngung verursachte bisher nur geringe Abweichungen.

6. Botanische Zusammensetzung des Pflanzenbestandes

Vor jeder Nutzung eines jeden Versuches wurde der Anteil der verschiedenen Arten am Ertrag geschätzt. Diese Arbeit wurde von besonders geschulten Personen ausgeführt, die jeweils mehrere Jahre hintereinander tätig waren. Somit

Tabelle 12
Ertragsanteile der wichtigsten Arten und Artengruppen in Prozent des Gesamtertrages bei konstanter PK-Düngung im Mittel der 3 Versuche und der Jahre 1958 bis 1967

Art bzw. Artengruppe	kg N/ha					
	0	60	120	240	480	720
Poa pratensis	27	33	38	40	41	40
Agropyron repens	9	11	14	20	27	31
Lolium perenne	15	15	14	11	9	7
Trifolium repens	9	5	3	1	+	+
Kräuter	19	20	20	19	16	16

dürfte der personenbedingte Fehler nur gering sein. Die Ergebnisse sind in zusammengefaßter Form in Tab. 12 niedergelegt.

Der Anteil von *Poa pratensis* wurde durch jährliche N-Gaben bis 240 kg/ha deutlich erhöht. Oberhalb dieser N-Menge blieb er im Mittel annähernd konstant. Im Verlauf trockener Jahre ging der Ertragsanteil dieser wertvollen Art merklich zurück, um in feuchten Jahren wieder anzusteigen.

Agropyron repens wurde durch die Stickstoffdüngung besonders stark gefördert. Die höchsten Ertragsanteile erreichte diese nur mittelwertige Grasart in den Jahren 1964 und 1965, was zweifellos auf Trockenheit in den Jahren 1963 und 1964 zurückzuführen ist.

Lolium perenne verlor mit steigender N-Düngung an Bedeutung. Außerdem nahm der Ertragsanteil dieses wertvollen Weidegrases im Laufe der Versuchsjahre auf allen Varianten kontinuierlich ab. Während der Ertragsanteil im ersten Versuchsjahr im Mittel aller Varianten immerhin 21% betrug, lag er im Jahre 1967 bei nur noch 5%. Möglicherweise war die Nutzungshäufigkeit für diese Art zu gering. Im übrigen dürfte der Versuchsstandort sowohl vom Boden als auch vom Klima her für *L. perenne* nicht sonderlich günstig sein. So erscheint es nicht verwunderlich, wenn *L. perenne* nach der Ansaat im Jahre 1951 mehr und mehr an Boden verloren hat.

Trifolium repens trug nur wenig zum Ertrage bei. Das gilt im Durchschnitt der Jahre auch für die Varianten, die nicht bzw. nicht sehr stark mit Stickstoff gedüngt wurden. Auf diesen Varianten schwankte der Anteil von *T. repens* von

Jahr zu Jahr erheblich. Längere Trockenheit führte wiederholt zum völligen Verschwinden dieser Art. In feuchten Jahren breitete sie sich dann wieder allmählich aus. Auf den Varianten mit 240 kg N/ha und mehr fehlte *T. repens* in den letzten 4 Versuchsjahren jedoch vollständig. Hier war diese Art in den Trockenjahren 1963 und 1964 verschwunden, ohne sich in den nachfolgenden feuchteren Vegetationsperioden wieder einzufinden. Nach dem Trockenjahr 1959 waren auch bei den hohen N-Gaben zumindest einzelne Pflanzen wieder zum Vorschein gekommen (KREIL u. a., 1964).

Der Anteil der Kräuter war bei den höchsten N-Stufen im Durchschnitt etwas geringer als auf den übrigen Varianten. Das war allerdings nicht in jedem Jahre der Fall (KREIL u. a., 1964). Wichtigster Vertreter unter den Kräutern war *Taraxacum officinale*. Die Schwankungen des Kräuteranteiles von Jahr zu Jahr hielten sich in verhältnismäßig engen Grenzen. Trockenjahre führten in der Regel zu einer leichten Zunahme des Kräuteranteiles. Einzelheiten über das Verhalten der Kräuter wie auch der wichtigsten Gräser sollen in einer speziellen Arbeit mitgeteilt werden.

Die differenzierte PK-Düngung führte zu einem gewissen Anstieg des Kräuteranteiles auf den Varianten mit hohen N-Gaben, wobei gleichzeitig der Ertragsanteil von *Poa pratensis* etwas absank. Weitere Auswirkungen der unterschiedlichen PK-Düngung auf den Pflanzenbestand waren bisher nicht erkennbar.

Aus den erzielten Trockenmasseerträgen und den geschätzten Ertragsanteilen können die Erträge der einzelnen Arten berechnet werden (KREIL u. KALTOFEN, 1967). In Tab. 13 sind die Ergebnisse derartiger Berechnungen für *Poa pratensis* und *Agropyron repens* aufgeführt. Durch gleichzeitige Betrachtung der absoluten Erträge und der prozentischen Ertragsanteile der einzelnen Arten wird man

Tabelle 13
Jahreserträge von *Poa pratensis* und *Agropyron repens* bei konstanter PK-Düngung im Mittel der Jahre 1958 bis 1967

	kg N/ha					
	0	60	120	240	480	720
Trockenmasseertrag von *Poa pratensis* in dt/ha						
Versuch 1	11,1	19,2	26,0	34,8	41,2	39,7
Versuch 2	9,1	17,7	25,2	34,0	37,0	36,7
Versuch 3	12,7	19,0	26,6	35,5	41,9	37,5
Mittel der Versuche 1 bis 3	11,0	18,6	26,0	34,8	40,0	38,0
Trockenmasseertrag von *Agropyron repens* in dt/ha						
Versuch 1	4,1	6,2	9,7	18,4	26,2	30,0
Versuch 2	3,6	6,4	9,8	18,1	23,4	25,2
Versuch 3	4,1	6,1	9,5	14,1	21,9	23,3
Mittel der Versuche 1 bis 3	3,9	6,2	9,7	16,9	23,8	26,2

der Dynamik des Geschehens im Pflanzenbestand besser gerecht als durch alleinige Betrachtung der Ertragsanteile.

Laut Tab. 13 wurde der Ertrag von *Poa pratensis* durch 480 kg N/ha auf das 3,6fache gesteigert. Demgegenüber erhöhte sich der Ertrag von *Agropyron repens* durch Zufuhr von 720 kg N/ha auf das 6,7fache. Die letztgenannte Art reagierte, wie auch Tab. 12 zeigt, weitaus stärker auf Stickstoff. Beachtenswert erscheint ferner der Umstand, daß der Ertrag von *A. repens* von Jahr zu Jahr weniger schwankte als derjenige von *P. pratensis*. Trockenheit beeinträchtigte den Ertrag von *P. pratensis* stärker, was einer Erhöhung des Ertragsanteiles von *A. repens* gleichkommt. Das gilt besonders für die hohen N-Stufen.

Zwischen den 3 Einzelversuchen, die sich durch den Zeitpunkt der Nutzung unterschieden, bestanden hinsichtlich des Ertrages von *P. pratensis* keine großen Unterschiede (Tab. 13). Zu prüfen bleibt lediglich, weshalb *P. pratensis* in Versuch 2 durchweg etwas niedrigere Erträge lieferte als in den Versuchen 1 und 3. Hinsichtlich *A. repens* fällt auf, daß der Ertrag bei den hohen N-Mengen um so größer war, je früher genutzt wurde. Auch die Einzelheiten hierzu sollen in einer späteren Arbeit mitgeteilt werden.

Als Gesamtergebnis der 10jährigen Untersuchungen über die Beeinflussung des Pflanzenbestandes durch die N-Düngung kann nur die schon früher gezogene Schlußfolgerung wiederholt werden (Kreil u. a., 1964): Nach jährlichem Einsatz von 240 kg N/ha und mehr wird der Pflanzenbestand auf dem vorliegenden Standort von den beiden Grasarten *Poa pratensis* und *Agropyron repens* beherrscht. Daneben spielen nur noch die Kräuter, vor allem *Taraxacum officinale*, eine nennenswerte Rolle. Allerdings muß hinzugefügt werden, daß der Ertragsanteil von *A. repens* in den Jahren 1964, 1965 und 1966 als Folge zweier aufeinanderfolgender Trockenjahre auch bei 240 kg N/ha mit 29, 28 und 27% unerwünscht hohe Werte erreichte. Erst im Jahre 1967 ging der Anteil dieser nur mittelwertigen Grasart wieder merklich, auf 16%, zurück. Trotz dieser unerwünschten Auswirkungen erscheinen jedoch jährliche N-Gaben von 200 bis 300 kg/ha auf dem vorliegenden Standort vertretbar. Denn gerade in Trockenjahren kommt es darauf an, die ertragssteigernde Wirkung des Stickstoffs möglichst voll auszunutzen. Außerdem folgen nur selten zwei Trockenjahre unmittelbar aufeinander.

Im übrigen sei noch erwähnt, daß sich bei 0 kg N/ha *Festuca rubra* noch weiter ausgebreitet hat. Von etwa 16% in den Jahren 1961 bis 1963 stieg der Ertragsanteil auf 21% im Jahre 1967.

7. Inhaltsstoffe des Futters

Bereits in Abschnitt 3 wurde im Zusammenhang mit der Wirkung unterschiedlicher PK-Düngung einiges über den P- und K-Gehalt der geernteten Trockenmasse ausgeführt (Tab. 6 u. 8). In Tab. 14 sind die Gehalte an einigen wichtigen Inhaltsstoffen bei konstanter PK-Düngung im Mittel aller 10 Versuchsjahre zusammengestellt.

Wie zu erwarten, stieg der prozentische N-Gehalt des Futters mit wachsender N-Düngung beträchtlich an. Dabei ergab sich bis zur N-Stufe von 240 kg/ha ein progressiver Anstieg. Dieser ist mit auf den höheren Anteil von *Trifolium repens* im Bereich der niedrigsten N-Stufen zurückzuführen (Tab. 12), der eine Anhebung des N-Gehaltes in diesem Bereich zur Folge hatte. Eine stärkere Zunahme des Nitratgehaltes der Pflanzen trat erst nach N-Gaben von 480 bzw. 720 kg/ha ein (HEY, 1968). 240 kg N/ha in 3 Teilgaben riefen noch keine irgendwie bedenkliche Nitratanhäufung im Futter hervor. Die Erhöhung des N- bzw. Rohproteingehaltes im Bereich bis 240 kg N/ha ist somit als Qualitätsverbesserung zu werten.
Der Rohfasergehalt wurde durch steigende N-Gaben leicht gesenkt und der Ca-Gehalt etwas erhöht, wie das bereits früher konstatiert wurde (KREIL u. a.,

Tabelle 14
Prozentische Gehalte der Erntetrockenmasse
an einigen wichtigen Inhaltsstoffen bei konstanter PK-Düngung
im Mittel der 3 Versuche und der Jahre 1958 bis 1967

Inhaltsstoff	kg N/ha					
	0	60	120	240	480	720
N	2,55	2,65	2,84	3,28	3,85	4,02
Rohfaser	22,00	21,97	21,77	21,53	21,37	21,14
P	0,44	0,43	0,41	0,39	0,39	0,41
K*	2,63	2,56	2,41	1,74	1,56	1,57
Ca	0,65	0,66	0,70	0,77	0,84	0,84

* Aus dem Jahre 1959 liegen keine Analysenergebnisse für K vor

1964). Über das Verhalten des Mg-, Cu- und Mn-Gehaltes im vorliegenden Versuch berichteten KNABE u. a. (1964) sowie KNABE (1967).
Insgesamt gesehen ist auch im Hinblick auf die Inhaltsstoffe nichts gegen jährliche N-Gaben von 200···300 kg/ha auf dem Versuchsstandort einzuwenden.

Zusammenfassung

In 10jährigen Versuchen auf Sandboden wurden jährlich bis zu 720 kg N/ha in 3 gleich großen Teilgaben verabreicht. Die höchsten Trockenmasseerträge wurden im allgemeinen mit 480 kg N/ha erzielt. Bis zur N-Gabe von 240 kg/ha stieg der Ertrag stark an. Noch höhere N-Gaben bewirkten nur noch einen geringen Mehrertrag. Bei den hohen N-Stufen hatte die Verstärkung der PK-Düngung in den letzten 3 Versuchsjahren deutliche Mehrerträge zur Folge, die vor allem durch K bedingt sind. Die Stickstoffausnutzung belief sich bei N-Gaben von 60, 120 und 240 kg/ha auf über 60%. Bei den höchsten N-Gaben lag sie wesentlich niedriger. Nach Anwendung von 240 kg N/ha und mehr wurde der Pflanzenbestand von den Arten *Poa pratensis*, *Agropyron repens* und *Taraxacum officinale* beherrscht. Insgesamt gesehen können auf dem vorliegenden Standort jährliche N-Gaben von 200···300 kg/ha empfohlen werden.

Резюме

Название работы: Обобщение результатов десятилетних опытов по азотному удобрению пастбища на долинной песчаной почве

В 10-летних опытах на песчаной почве ежегодно вносили до 720 кг азота на га тремя равными дозами. Наибольшие сборы сухой массы обычно получали при внесении 480 кг азота на га. До нормы 240 кг азота на га урожай сильно увеличивался. Еще более высокие нормы удобрений приводили к меньшим прибавкам урожая. В вариантах с высокими нормами азотных удобрений увеличенное в последние три года внесение P и K привело к четко выраженным прибавкам урожая, прежде всего за счет калия. Использование азотного удобрения при нормах в 60, 120 и 240 кг азота на га составляло 60%. В вариантах с высокими нормами азотного удобрения процент использования был значительно ниже. При внесении 240 кг азота на га и больше в травостое преобладали *Poa pratensis*, *Agropyron repens*, *Taraxacum officinalis*.

В целом можно сказать, что на данном местообитании ежегодно рекомендуется вносить 200—300 кг азота на гектар.

Summary

Title of the paper: Survey of results obtained in 10-year trials concerning nitrogen fertilization of a pasture on sandy soil.

In experiments conducted over 10 years on sandy soil, up to 720 kg N per hectare per year were applied in three equal split doses. Commonly, the highest dry-matter yields were obtained with 480 kg N per hectare. Yield was found to increase strongly with rising N-applications up to the 240 N per hectare rate. Still higher N-applications resulted in smaller yield increments. At high N-levels, increased PK fertilization caused marked yield increments during the last 3 years. These increments were mainly due to potassium supply. Recovery of nitrogen at rates of 60, 120 and 240 kg N per hectare amounted to more than 60 per cent. At the highest N levels recovery was found to be considerably lower. After applying 240 kg N per hectare or more, the plant stand was dominated by the species *Poa pratensis*, *Agropyron repens*, and *Taraxacum officinale*. As a whole, yearly nitrogen applications of 200—300 kg per hectare may be recommended for the site described.

Literatur

Berg, F.; Thimm, H.: Ein Beitrag zum ökonomischen Einsatz von Stickstoffdünger auf Mähweiden. Z. Landeskultur 7 (1966), S. 67—76

Bühring, J.: Ein Beitrag zur Wechselwirkung zwischen N-Düngung und Bodenblättern bei Wiederaufnahme des Wachstums der Gräser nach einem Schnitt. Z. Landeskultur 8 (1967), S. 273—280

Hey, E.: Untersuchungen über den Einfluß der Düngung, des Entwicklungsstadiums und der Pflanzenart auf den Nitratgehalt von Graslandpflanzen. Berlin, Dt. Akad. Landwirtsch.-Wiss., Diss. 1968, 186 S.

KALTOFEN, H.: Das Nährstoffverhältnis bei steigendem Niveau der Grünlanddüngung. Dt. Landwirtsch. 18 (1967), S. 211–214

KALTOFEN, H.: Zur Frage der Anwendung umhüllter Düngerkörner unter besonderer Berücksichtigung des Graslandes. Sitz.-Ber. Dt. Akad. Landwirtsch.-Wiss. Berlin 16 (1967), H. 4, S. 33–57

KALTOFEN, H.: Die Entstehung eines zunehmenden Ertragszuwachses. Thaer.-Arch. 11 (1967), S. 913–920

KALTOFEN, H.; HEY, E.: Das Prinzip des divergierenden Wachstums in einem Vegetationsversuch mit Phleum pratense. Ztschr. f. Landeskultur 9 (1968) (im Druck)

KNABE, O.; KNABE, B.; KREIL, W.: Einfluß der N-Düngung auf den Kupfergehalt im Weidegras. Z. Landeskultur 5 (1964), S. 245–258

KNABE, O.: Einfluß der N-Düngung auf den Mg-, Cu- und Mn-Gehalt im Weidegras. Z. Landeskultur 8 (1967), S. 99–106

KREIL, W.; FALKE, H.; KALTOFEN, H.; KASDORFF, K.; LEISTNER, J.: Über den Zeitpunkt der N-Düngung nach einer Nutzung auf der Weide. Z. Landeskultur 7 (1966), S. 135–146

KREIL, W.; KALTOFEN, H.: Frequency of defoliation and yields on low-moor grassland. Proc. X Internat. Grassland Congr., Helsinki, 1966, S. 297–301

KREIL, W.; KALTOFEN, H.: Versuchsergebnisse zur Stickstoffdüngung von Dauerweiden auf Niedermoor. Sitz.-Ber. Dt. Akad. Landwirtsch.-Wiss. Berlin 16 (1967), H. 4, S. 5–31

KREIL, W.; KALTOFEN, H.; WACKER, G.: Weitere Versuchsergebnisse über die Düngung einer Weide mit verschieden hohen N-Gaben (1961–1963). Z. Landeskultur 5 (1964), S. 221–244

KREIL, W.; WACKER, G.; KALTOFEN, H.: Dreijährige Versuchsergebnisse über die Düngung einer Weide mit verschieden hohen N-Gaben (1958–1960). Z. Landeskultur 2 (1961), S. 226–257

WOLDENDORP, J. W.; DILZ, K.; KOLENBRANDER, G. J.: The fate of fertilizer nitrogen on permanent grassland soils. In: Nitrogen and Grasslands. Proc. First Gen. Meet. Europ. Grassland Fed., Wageningen, 1965, S. 53–68

Anschrift der Verfasser:
Prof. Dr. W. KREIL, Dr. H. KATLOFEN und Dr. C. GÜNTHER
Institut für Grünland- und Moorforschung Paulinenaue
der Deutschen Akademie der Landwirtschaftswissenschaften zu Berlin
1551 Paulinenaue, Kr. Nauen

Z. Landeskultur · Bd. 9 · 1968 · H. 3 · S. 227–235 · Berlin

Institut für Grünland- und Moorforschung Paulinenaue, Zweigstelle Thüringen,
der Deutschen Akademie der Landwirtschaftswissenschaften zu Berlin

H. FALKE; G. SCHMAUDER

Untersuchungen über Ertrag und Umfang der Weiderückstände bei Weide- und Mähweidenutzung

Eingegangen: 14. 3. 1968

Die Weidefläche nahm in der DDR in den vergangenen Jahren ständig zu, während der Anteil an Wiesen zurückging. Gegenwärtig werden etwa 800000 ha als Wiesen und 600000 ha als Weiden bewirtschaftet. Das Verhältnis Wiesen zu Weiden wird sich in den nächsten Jahren noch weiter verschieben. Auf den Weideflächen ist neben einem hohen pflanzlichen Ertrag besonders die rationelle Nutzung des gewachsenen Futters entscheidend, d. h., das Futter ist mit hohem Effekt in tierische Leistungen umzuwandeln. Die Weideverluste spielen dabei eine entscheidende Rolle. Weiderückstände sind die nach einer Beweidung zurückgebliebenen ungenutzten Futterreste, die in Grünmasse, Trockensubstanz oder kg StW angegeben werden. Unterschiedliche Meinungen bestehen hinsichtlich der Höhe der Futterverluste.

Die Frage über die Höhe der Futterverluste bei Weidenutzung ist aktuell; von verschiedenen Seiten wird eine Verfütterung von Weidegras im Stall als wirtschaftlicher angesehen als eine intensive Weidenutzung. Ausführliche Betrachtungen über die Frage Stallfütterung oder Weidenutzung haben BENNEWITZ WEISE, WOJAHN, PÄTZOLD und Mitarbeiter angestellt. Hierauf soll nicht näher eingegangen werden.

Die Entwicklung der Weidewirtschaft in Verbindung mit hohen Düngermengen, führt immer mehr zur Mähweide in Form der Rationsweide. Wir untersuchten deshalb auf einem typischen Standort im Süd-Ostthüringer Schiefergebirge den Einfluß von Mahd und Beweidung auf die Höhe des Ertrages und der Weiderückstände.

1.0. Versuchsdurchführung

Der Versuch lag auf den Milchviehweiden der LPG „Oberland“ Lobenstein, Kreis Lobenstein; 465 m über NN. Im langjährigen Mittel fallen im Jahr 755 mm Niederschläge, von Mai bis September 353 mm. Die Jahresdurchschnittstemperatur beträgt 6,4 °C.

Der Boden wurde nach der Laktatmethode auf den Gehalt an Nährstoffen untersucht und ergab folgende Werte. In 100 g Feinboden wurden gefunden:

	mg P_2O_5	mg K_2O
0– 5 cm	26,7	13,5
6–10 cm	3,5	8,2
11–20 cm	2,3	4,7

Der pH-Wert lag bei 5,5–6,1. Hauptbestandsbildner der Narbe sind Rotschwingel, Knaulgras und Wiesenschwingel. Der Versuch bestand aus 6 Versuchsgliedern in 2 Wiederholungen (Tab. 1).
Sämtliche Parzellen waren, mit Ausnahme der Variante 6 (60 m²) 300 m² groß. Die jährliche Grunddüngung war auf allen Parzellen gleich und betrug 72 kg /ha P_2O_5 und 120 kg/ha K_2O; ferner wurden 120 kg/ha N, unterteilt in 4 gleichgroßen Gaben, ausgebracht. Alle Versuchsglieder unterlagen einer 4maligen Nutzung. Um eine gleichlange Wachstumszeit einzuhalten, erfolgte bei allen

Tabelle 1

Versuchsglieder	Nutzung			
	1.	2.	3.	4.
1	W	W	W	W
2	W	W	S	W
3	W	S	W	W
4	S	W	S	W
5	H	W	W	W
6	F	F	F	F

W = Weidenutzung; S = Siloschnitt; H = Heuschnitt; F = Grünfutterschnitt

Versuchsgliedern die letzte Nutzung gleichzeitig. Variante 1 (Weidenutzung) und 6 (Grünfutterschnitt) wurden stets zum gleichen Termin geerntet. Das Beweiden der Parzellen erfolgte als Stunden-Rationsweide, 2 mal 4 Std. am Tage. Dabei wurde darauf geachtet, daß Weidezeit und Futterangebot für die Versuchstiere mit dem Futterangebot für die Herde des Betriebes übereinstimmte. Es variierte zwischen 59 und 67 kg Grünmasse je Kuh und Tag und lag im Mittel bei 64 kg. Die Weidetiere waren Fleckvieh-Kühe. Fladen wurden nicht verteilt. Der Grünmasseertrag wurde nach der Quadratmetermethode, der Weiderest von der gesamten Parzelle festgestellt.

2. Ergebnisse

2.1. Trockenmasseerträge

Die Unterschiede im Ertrag waren in den beiden Versuchsjahren erheblich. Die Erträge lagen im Mittel der Versuchsglieder 1964 bei 67,8 dt/ha und 1965 bei 93,9 dt/ha Trockensubstanz. Derartige Ertragsschwankungen kommen auf den durchlässigen, grundwasserfernen Grünlandstandorten im Vor- und Mittelgebirge häufig vor, und sind mit der unterschiedlichen Höhe der Sommer-

Niederschläge und deren Verteilung zu erklären. Von Mai bis September fielen 1964 nur 253 mm und 1965 315 mm Niederschlag; das langjährige Mittel liegt bei 353 mm.

Über den Einfluß unterschiedlicher Nutzung auf den Weideertrag gibt Tab. 2 Auskunft.

Tabelle 2
Trockenmasseerträge der Versuchsglieder

Versuchsglieder	1964		1965		Mittel	
	dt/ha	rel.	dt/ha	rel.	dt/ha	rel.
1 WWWW	59,4	100	88,1	100	73,8	100
2 WWSW	62,7	106	88,6	101	75,7	103
3 WSWW	75,3	127	93,3	106	84,3	114
4 SWSW	74,3	125	100,8	114	87,6	119
5 HWWW	80,6	136	106,7	121	93,7	127
6 FFFF	54,6	92	86,2	98	70,4	95
			GD 5%		9,9	13

W = Weidenutzung; S = Siloschnitt; H = Heuschnitt; F = Grünfutterschnitt

In beiden Jahren sind die Trockensubstanzerträge der Versuchsglieder annähernd gleich. Im 2. Untersuchungsjahr sind die Ertragsunterschiede weniger deutlich als im ersten. Die höheren Niederschläge des Jahres 1965 dürften den Einfluß unterschiedlicher Nutzungen auf den Weideertrag etwas abgefangen haben. Hieraus ist abzuleiten, daß in futterwüchsigen Jahren bzw. auf futterwüchsigen Standorten der Grünlandertrag durch unterschiedliche und wechselnde Nutzungsform weniger stark beeinflußt wird wie in trockenen Jahren oder auf trockneren Standorten. Der günstige Einfluß auf den Ertrag von 1 bzw. 2 Schnitten neben dem mehrmaligen Beweiden fällt auf. Besonders scheint der Schnitt des 1. Aufwuchses den Jahresertrag zu erhöhen.

In den Untersuchungen erfolgte der Siloschnitt in der letzten Maidekade, der Heuschnitt 10—12 Tage später.

Schnittnutzung des 1. Aufwuchses erhöhte nicht nur den Gesamtertrag, sondern führte auch zu einer anderen Staffelung des Ertragsanteiles der einzelnen Aufwüchse. Im Mittel lieferte der Siloschnitt 40% und der Heuschnitt 52% des Gesamtertrages. Durch Weide- und Grünfutterschnittnutzung des 1. Aufwuchses, wobei das Futter bedeutend früher geerntet wird als bei Silogras- und Heuschnitt, bringt der 1. Aufwuchs 27 bzw. 30% des Gesamtertrages. Außerdem scheint eine einseitige Weide- oder Grünfutterschnittnutzung ungünstig auf den Ertrag zu wirken. Beide Versuchsglieder schneiden gegenüber einer Mäh-Weidenutzung schlechter ab. Im Vergleich zum Versuchsglied 5 (1. Aufwuchs geheut) betragen die Ertragsdifferenzen zur Weidevariante 19,9 dt/ha bzw. zur Schnittvariante 23,3 dt/ha Trockenmasse. Die einseitige Weide- oder Vielschnittnutzung bedeutet daher Verzicht auf höchstmöglichen Ertrag. Außerdem wirken sie sich ungünstig auf die Zusammensetzung des Pflanzenbestandes, die

Wurzelentwicklung und die Reservestoffspeicherung aus [5]. Alle Grünlandflächen sollten, soweit es die Standortverhältnisse zulassen, in eine geordnete Mähweidenutzung einbezogen werden. Die Auswirkungen einer variierten Nutzung auf den Rohproteinertrag gibt Tab. 3 wieder.
Im Rohproteinertrag traten wie bei der Trockensubstanz zwischen beiden Versuchsjahren deutliche Unterschiede auf. Er lag im Mittel aller Versuchsglieder 1964 bei 11,2, 1965 bei 16,1 dt/ha. In der Größenordnung bestimmen die Ergebnisse mit Untersuchungen auf ähnlichen Standorten [3, 9] überein.
Im ersten Versuchsjahr bewegten sich die Rohproteinerträge der einzelnen Varianten etwa parallel dem Trockenmasseertrag, während im 2. Versuchsjahr diese Tendenz nicht zu erkennen war. Einseitige Weide- oder Grünfutterschnittnutzung scheint keinesfalls immer zu höheren Rohproteinerträgen zu führen, als Mähweidenutzung. Bei Ernte von höher gewachsenem Weidegras — Silage-

Tabelle 3
Rohproteinertrag in den einzelnen Versuchsgliedern

Versuchsglieder	1964		1965		Mittel	
	dt/ha	rel.	dt/ha	rel.	dt/ha	rel.
1 WWWW	10,7	100	16,3	100	13,5	100
2 WWSW	10,8	101	16,2	99	13,5	100
3 WSWW	12,4	116	16,2	99	14,3	106
4 SWSW	11,3	106	15,8	97	13,6	101
5 HWWW	11,5	107	15,8	97	13,7	101
6 FFFF	10,3	96	16,2	99	13,3	98

oder Heuschnitt — fallen zwar die Rohproteingehalte ab, der höhere Trockenmasseertrag gleicht diesen Abfall wieder aus, so daß insgesamt ein höherer Rohproteinertrag je Flächeneinheit erzielt wird. Besonders dürfte das für Pflanzenbestände mit geringem Leguminosenanteil zutreffen. Insgesamt kann angenommen werden, daß bei Mähweidenutzung die Rohproteinerträge in der gleichen Größenordnung liegen wie auf nur beweideten oder durch Vielschnitt genutzten Flächen.

2.2. Weiderückstände

Der Weiderest ist die Differenz zwischen Futterangebot und Futterverzehr. Über die Höhe der ungenutzten Rückstände gibt Tab. 4 Auskunft.
Abgesehen von den etwas höheren Verlusten im 2. Versuchsjahr sind die Rückstandsmengen in beiden Versuchsjahren annähernd gleich. Bei der Besprechung der Ergebnisse werden nur die Mittelwerte aus beiden Jahren berücksichtigt.
Viermaliges Beweiden der Fläche führte zu den höchsten Verlusten. Sie betragen 13,1% des Trockenmasseertrages. In einem Großversuch kamen wir zu ähnlichen Ergebnissen. Auf einer Milchvieh-Rationsweide und Jungvieh-Umtriebsweide betrugen die Weideverluste 15,1 bzw. 15,8%. WEBER [10] stellte

auf einer Milchvieh-Rationsweide 12,6, MÄRTIN und FRANZKE 17,9% Weiderückstände fest. Auf nur beweideten Flächen steht die Höhe der Weiderückstände im Zusammenhang mit den Geilstellen. Im Vergleich zur Mähweide fallen auf der nur beweideten Fläche mehr Kot und Harn je Flächeneinheit an. Vermehrt treten dadurch Geilstellen auf, deren Futter die Tiere weniger gern fressen. Eine Senkung der Verluste unter 10,0% ist daher ohne eine in den Weidegang eingefügte Schnittnutzung nicht möglich; selbst dann nicht, wenn Weideführung und -pflege sorgfältig gehandhabt werden.

Ein- und zweimalige Mähschnitte senken die Weiderückstände, weil:

weniger Fladen und Harnausscheidungen je Flächeneinheit anfallen;
abgemähte Geilstellen im nächsten Aufwuchs gefressen werden;
längere Nachwuchsperioden zwischen zwei Weidenutzungen liegen.

Tabelle 4
Weiderückstände in % vom Trockensubstanzertrag

Versuchsglieder	1964		1965		Mittel	
	%	rel.	%	rel.	%	rel.
1 WWWW	10,0	100	16,2	100	13,1	100
2 WWSW	7,1	71	12,4	77	9,8	75
3 WSWW	4,0	40	5,8	36	4,9	37
4 SWSW	1,6	16	2,2	14	1,9	15
5 HWWW	0,7	7	4,0	25	2,4	18
6 FFFF	—	—	—	—	—	—

In unseren Untersuchungen waren dort die Verluste am niedrigsten, wo Schnitt und Beweiden wechselten. Hier machten die Rückstände nur 1,9% des Gesamtertrages aus. Nach jeder Schnittnutzung fraßen die Tiere das Futter sauber ab. Die geringen Verluste sind vor allem durch Beschmutzen und Niedertreten des Futters bedingt. Ein Vergleich der Verluste auf Variante 4 mit denen der Variante 1 ergibt, daß der Wechsel zwischen Mahd und Weide die Verluste um 11,2% senkt.

Bei den Versuchsgliedern mit 1maliger Mäh- und 3maliger Weidenutzung stiegen die Rückstände um so mehr an, je später im Jahr die Schnittnutzung erfolgte. Verluste betrugen bei Mahd des

1. Aufwuchses 2,5 dt/ha Trm. = 2,4%
2. Aufwuchses 4,2 dt/ha Trm. = 4,9%
3. Aufwuchses 7,8 dt/ha Trm. = 9,8%

Aus den Ergebnissen ist zu erkennen, daß eine Schnittnutzung des 1. und 2. Aufwuchses die Rückstände erheblich senken kann.

Auf Intensivweiden sind Schnittnutzungen zum 1. und 2. Aufwuchs nicht nur möglich, sondern auch notwendig. Möglich, weil unter unseren Wachstumsbedingungen das Weidefutter in den ersten Weidewochen rasch wächst, und es zu einem Futterüberschuß kommt; notwendig, um den Tieren nicht überständiges Futter anzubieten und den Umtrieb im Sommer zu sichern. Bei Einsatz hoher Düngermengen, besonders an Stickstoff, und einer Besatzstärke um 2,5 GV/ha kann bzw. muß auf etwa 40% der Weidefläche Winterfutter geworben werden. Ein derart großer Mähflächenanteil senkt die Verluste gegenüber nur beweideten Flächen erheblich. Sie dürften kaum mehr als 5% betragen.

3. Diskussion der Ergebnisse und Schlußfolgerungen

Vorliegende Ergebnisse sprechen im Hinblick auf die Weideverluste gegen einseitige Weide und im Interesse höchster Trockenmasseerträge auch gegen eine Vielschnittnutzung auf Grünlandflächen. Einseitige Nutzung bedeutet Verzicht auf höchstmöglichen Ertrag. Außerdem sind die Weiderückstände auf den nur beweideten Flächen am höchsten. Die Nachteile einseitiger Nutzung werden durch Mähweidenutzung weitgehend aufgehoben. Im Vergleich zur Variante 1 lag im Mittel der Ertrag auf den Mähweide-Varianten um 11,6 dt/ha Trockenmasse höher und die Weiderückstände konnten von 13,1% auf 4,7% gesenkt werden. Unterstellt man, daß in der Praxis auf Rations- und Umtriebsweiden die Weideverluste bei 15 bis 20% liegen, dann ist es durch Vergrößern der Mähflächenanteile möglich, auf diesen Flächen den Ertrag um etwa 16% zu erhöhen und die Verluste mindestens um 10% zu senken. Bei einem unterstellten Grünmasseertrag von 400 dt/ha bedeutet das einen Mehrertrag von 64 dt/ha Grünmasse und eine Senkung der Verluste von etwa 68 dt/ha auf 28 dt/ha Grünmasse, so daß effektiv von jedem Hektar 104 dt mehr Grünfutter zur Verfügung steht. Durch Einschalten der Mähnutzung auf Weiden ist es also möglich, mehr Futter zu erzeugen, die Weideverluste zu senken und höhere tierische Leistungen je Flächeneinheit zu erzielen. Hinzu kommt, daß auf Mähweiden der Pflegeaufwand erheblich zurückgeht.

Nach KREIL kann erst dann von Mähweiden gesprochen werden, wenn mindestens 40% der Weidefläche einmal gemäht werden. Auf gut bewirtschafteten Weiden liegt der Mähflächenanteil bereits bei 100% und darüber. Eine derartig intensive Nutzung setzt eine intensive Düngung voraus. Durch Mähweidenutzung wird aber nicht nur der Ertrag erhöht, sondern die ökonomisch vertretbare Grenze der N-Düngung heraufgesetzt. Auf Mähweiden können hohe N-Mengen – über 200 kg/ha – noch wirtschaftlich eingesetzt werden.

Soll in Betrieben mit hohem Grünlandanteil von der Mähweide das gesamte Rauhfutter geerntet werden, muß die Besatzstärke darauf abgestimmt sein. KREIL schlägt 1,75 GV/ha vor.

Es ist zweckmäßig, auf Intensivweiden mit nicht zu hohen Besatzstärken zu arbeiten. Dadurch wird es möglich, Mahd und Beweiden der Flächen noch besser auf den Futterwuchs abzustimmen. In Weidebetrieben mit geringer Mähfläche oder bei zu später Mahd der Flächen treten oft Schwierigkeiten in der Bereitstellung von weidereifem Futter auf. Es muß dann im 1. Umtrieb so lange in hohem Futter geweidet werden, bis genügend Nachwuchs vorhanden ist. Diese Erscheinung, wird durch einen zu späten Weideaustrieb verschärft. Die Weideverluste betragen dann oft mehr als 30%.

Für die Praxis ergibt sich daraus, das Grünland, soweit es die Standortverhältnisse zulassen, nach dem System der Mähweidenutzung zu bewirtschaften. Eine Erweiterung des Mähflächenanteiles bedeutet höheren Ertrag, Senkung der Weideverluste, des Pflegeaufwandes sowie höhere tierische Leistungen je Flächeneinheit. Um den Tieren immer ausreichend weidereifes Futter anbieten zu können, muß der 1. Aufwuchs rechtzeitig gemäht werden. Die Mahd muß um so früher erfolgen, je höher der Futteraufwuchs zum Weideauftrieb ist. Im Vor- und Mittelgebirge fällt der Schnitt-Termin etwa in die letzte Maidekade. Da die Flächen schnell geräumt werden müssen, sollte von diesem jungen Futter möglichst Anwelksilage oder Trocken-Grünfutter bereitet werden.

Zusammenfassung

Es wird über 2jährige Ergebnisse eines Mähweideversuches im Süd-Ostthüringer Schiefergebirge berichtet. Im Mittel der Versuchsglieder betrug bei 4 Nutzungen der Trockensubstanzertrag 67,8 bzw. 93,4 dt/ha. Die Ertragsunterschiede beider Jahre sind durch Höhe und Verteilung der Niederschläge zu erklären. Einseitige Weide- bzw. Schnittnutzungen führten im Vergleich zu einer Mähweidenutzung zu Mindererträgen. Mähnutzung zum ersten Aufwuchs brachte einen höheren Gesamtertrag als Mähnutzung zum 2. oder 3. Aufwuchs.
Erwartungsgemäß lagen die ungenutzten Weiderückstände auf den nur beweideten Flächen mit 13% des Trockenmasseertrages am höchsten. Mähweidenutzung führte zu einer Senkung der Verluste. Sie lagen auf der Variante Mahd-Weide-Mahd-Weide mit 2,0% am niedrigsten. Auf Grund der Ergebnisse wird den Betrieben die Nutzung des Grünlandes als Mähweide empfohlen, weil sie die modernste Form der Grünlandnutzung darstellt, die zu höchsten pflanzlichen Erträgen und tierischen Leistungen je Flächeneinheit führt.

Резюме

Название работы: Изучение урожайности и потерь после стравливания при пастбищном и сенокосно-пастбищном пользовании
Сообщается о двухлетних результатах опытов сенокосно-пастбищного пользования в юго-восточных тюрингских Сланцевых горах. В среднем по всем опытам при четырехразовом пользовании урожай сухого вещества составлял 67,8 или 93,4 ц с га. Разницы сбора обоих лет объясняются количеством и распределением осадков. Только пастбищное или только сенокосное пользование привели по сравнению с сенокосно-пастбищным пользованием к пониженным урожаям. При сенокосном пользовании первого подроста собирались большие общие урожаи, чем при сенокосном пользовании второго и третьего подроста (вариант: укос — пастбище — укос — пастбище).
Неиспользованные остатки при только пастбищном пользовании составляли 13% сбора сухой массы и были, соответственно ожиданиям, самыми высокими. Сенокосно-пастбищное пользование приводило к снижению потерь. Самыми низкими потери были в варианте скашивание — пастбище — скашивание

— пастбище (2%). На основании результатов хозяйствам рекомендуется применять сенокосно-пастбищное пользование кормовых угодий. Это является наиболее современной формой пользования кормовых угодий и приводит к наибольшим урожаям и выходу животноводческой продукции на единицу площади.

Summary

Title of the paper: Studies on yield and amount of residual losses in pasture used for grazing and mowing/grazing

The results of a two-year trial on a pasture used for cutting in the South-East Thuringian Slate Mountains are reported. The average dry-matter yield of all experiments conducted was 67.8 and 93.4 dt/ha, respectively, with the pasture used four times. The difference in yield of both years is accounted for by altitude and distribution of rainfall. As compared with a combined usage of cutting and grazing, exclusive use for grazing or cutting resulted in a yield decline. Cutting usage of the first cut brought a higher total yield than cutting usage for second and third growths.

As expected, the residual losses on the areas used for grazing only were the highest with 13 per cent of the dry-matter yield. Combined cutting and grazing led to lower losses, with 2 per cent being the lowest in the variant "cutting-grazing-cutting-grazing". On the basis of the results obtained, farms are recommended to use their grassland as cutting pasture which is the most up-to-date method of grassland management leading to the highest plant yields and livestock results per unit of area.

Literatur

BENNEWITZ, H.: Weidegang oder ganzjährige Stallhaltung von Milchvieh in Grünlandbetrieben 3. Grünlandsymposium Leipzig 1965, S. 225–242

FALKE, H.: Einfluß von Nutzungshäufigkeit und N-Düngung auf den Weideertrag, Ztschr. f. Landeskultur 6 (1965), S. 279–285

FRANZKE, H.: Ergebnisse der intensiven Bewirtschaftung von südostthüringischen Mittelgebirgsweiden. Diss. Universität Jena 1961

KALTOFEN, H.: Ertragssteigerung und Senkung des Pflegeaufwandes auf Weiden. Deutsche Landwirtschaft 10 (1959), S. 326–329

KLAPP, E.: Leistung, Bewurzelung und Nachwuchs einer Grasnarbe unter verschieden häufiger Mahd und Beweidung. Zeitschrift f. Acker- und Pflanzenbau 93 (1951), S. 269–286

KREIL, W.: Mähweidenutzung – ein Ziel der Intensivierung der Grünlandwirtschaft. Die Deutsche Landwirtschaft 17 (1966), S. 136–138

MÄRTIN, B.; FRANZKE, H.: Futterangebot, Weidefutterrückstände und Futteraufnahme in einem Weideversuch mit Milchvieh. Ztschr. f. Landeskultur 4 (1963), S. 297–306

PÄTZOLD, H.; STOTTMEISTER, W.: Ganzjährige Stallhaltung oder sommerlicher Weidegang beim Milchvieh? Internat. Zeitschr. f. Landwirtschaft Heft 5 (1963), S. 64–69

ROTH, D.: Untersuchungen zur Verbesserung trockener Südhangweiden durch Düngung, Abdeckung, Beregnung und Begüllung. Diss. Universität Jena 1965

WEBER, R.: Der Einfluß von Weideverfahren und -pflege auf Pflanzenwuchs und Weidetier. Dargestellt nach Untersuchungsergebnissen einer Kuhweide auf Auegrünland. Diplomarbeit der Universität Jena 1967

WEISE, F.: Portionsweide oder Grünfütterung im Stall. Mitt. der DLG 78 (1963), S. 607–609

WOJAHN, E.: Entwicklungstendenzen der Futtererzeugung auf dem Grünland. Vortrag, gehalten am 12. 7. 1967 auf der Agra 1967

Anschrift der Verfasser:
Dr. H. FALKE und Dozent Dr. habil. G. SCHMAUDER
Institut für Grünland- und Moorforschung Paulinenaue der DAL,
Zweigstelle Thüringen; 5103 Neudietendorf/Thür., Bergstr. 11

84122

FSC
www.fsc.org
MIX
Papier | Fördert
gute Waldnutzung
FSC® C083411

Zeitfracht Medien GmbH
Ferdinand-Jühlke-Straße 7
99095 Erfurt, Deutschland
produktsicherheit@kolibri360.de